Philosophical Reflections
on Science

科学的哲思

"斯诺命题"与"科玄论战"

刘峰松　主编

科学出版社

北京

内 容 简 介

本书汇集了《中国科学报》"两种文化大家谈"与"科玄新论"两个专栏的精彩文章，分为上下两编。上编围绕"斯诺命题"，探讨科学文化与人文文化之间的历史渊源、是否分裂、该不该弥合以及如何弥合等问题；下编回顾百年前中国关于科学与人生观的思想大碰撞，就科学与价值观、当代科学中的形而上学问题等新话题进行深入探讨。

本书适合对科学文化、人文文化及其相互关系感兴趣的读者阅读，无论是对历史上的重大思想争辩感兴趣的学者，还是希望理解科学对社会与文化影响的普通读者，都能从中获得启迪。

图书在版编目（CIP）数据

科学的哲思："斯诺命题"与"科玄论战" / 刘峰松主编. -- 北京：科学出版社, 2024.8. -- ISBN 978-7-03-078908-2

Ⅰ. N02

中国国家版本馆 CIP 数据核字第 2024HT8839 号

责任编辑：牛　玲　夏　霜 / 责任校对：杨　然
责任印制：师艳茹 / 封面设计：有道文化
封面书名题字：韩启德

科学出版社 出版
北京东黄城根北街 16 号
邮政编码：100717
http://www.sciencep.com
北京建宏印刷有限公司印刷
科学出版社发行　各地新华书店经销
*
2024 年 8 月第 一 版　开本：720×1000　1/16
2024 年 10 月第二次印刷　印张：15 1/2
字数：240 000
定价：98.00 元
（如有印装质量问题，我社负责调换）

序

一

从长时段大历史来看文明演进，人类的精神世界经历了两次重大跃迁：第一次是由雅斯贝尔斯（Karl Theodor Jaspers）提出、众所公认的"轴心时代"，时在公元前 800 年至公元前 200 年之间；第二次还算不上学界共识，但本人坚定地认为，从文艺复兴到启蒙时代的 400 多年之间，在欧洲发生的一些变故深刻地影响了文明进程，其意义丝毫不亚于"轴心时代"。

如果说第一次跃迁的标志是"觉醒"，其表征为一大批思想家爆发式地出现在现今的希腊、以色列、伊朗、印度和中国，引导人类突破原始思维的局限而转向自身意识的觉悟，从而开启了理性的、道德的或宗教的精神生活；第二次跃迁的标志则是"解放"，主要表现是人类开始挣脱宗教与君王权贵的束缚，不再迷信经典与权威，也不再相信"君权神授"的腐朽说辞，而以理性和实践为判断真理的标准。

"觉醒"时代的古希腊人贡献了逻辑、几何学与演绎推理,希伯来先知萌发出一神论思想与救赎的观念,中国先秦的哲人们则发展出"天人合一"的自然观并完善了以"礼"和"仁"为核心的道德规范;与之相反,远离轴心文明浸润的人群则长期停滞在原始的精神状态。

"解放"时代人类文明的最辉煌成就是人性的复苏与近代科学的诞生,人文主义与科学从此深刻地影响着人类的精神生活与社会的发展;不过这些变故都发生在14—18世纪的西欧,轴心时代的几个文明中心都瞠乎其后。

二

近代意义上的科学并非本土固有,它在中国的传播、吸收、发展,以及与传统文化的冲突和融合,必然是一个长期而曲折的历程,对科学的本质及其社会功效的理解也必然是见仁见智。1915年前后,新文化运动的闯将们祭出"科学"与"民主"两面大旗,然而仅仅过了几年,中国知识界就爆发了一场有关科学与人生观的讨论,后来被不够准确地命名为"科玄论战"。对于中国当时的社会与文化环境来说,这是一场超前的思想盛宴,不同政治立场、不同学术领域和不同思想背景的众多学人都卷了进来,尽管持续时间只有一年多,但是对中国现代文化建设产生了深远的影响。时至今日,当代中国思想界的三种主要思潮——马克思主义、自由主义和文化保守主义,仍可在"科玄论战"的辩词中觅到踪影。

在西方文化脉络中，科学的种子可以追溯到古希腊哲人对真与美的追索，即使在被认为不那么光亮的中世纪，传统的"七艺"中仍然包含数学、天文等方面的内容，而到 17 世纪末科学革命完成之后，科学以不可阻挡之势迅速成为社会与文化的主导。与此同时，一些坚守人文主义传统的知识分子不满科学的"僭越"，认为它不能完全取代宗教、道德、文学、艺术和历史对型塑文明的作用。科学与人文的分野在文艺复兴的早期就已显现，几百年来聚讼不断，直到 1959 年由英国学者斯诺（C. P. Snow）用图解般的"两种文化"概括出来，人们才普遍认识到：科学文化与人文文化之间的张力，乃是当代思想建设中一个无法回避的命题。

当代宇宙学中的神奇发现、认知科学与人工智能的迅猛发展，以及虚拟世界和元宇宙的滥觞，都对传统的认识论与本体论构成巨大挑战，当今人类的精神生活或许已经来到第三次跃迁的前夜。在这样一种主客难分、确定性缺失的知识迷雾中，回顾历史上的一些重大思想争辩是有益的。

三

作为中国科学院所属唯一经国家新闻出版署批准的新闻媒体，《中国科学报》一向关注并致力引导中国的科学文化建设，2019 年斯诺演讲 60 周年之际，报社适时开设了"两种文化大家谈"专栏，2023 年际逢"科玄论战"爆发 100 周年，又推出"科玄新论"专栏。其实这两个议题相互关联，本质上都涉及人类精神生活与日新月异的科学发展的适配，所谓的"科玄论战"本质上也是"两种文化"之争。

报社领导对这两个专栏十分重视，不但亲自挂帅，又指派有经验的记者编辑负责，广泛邀请不同领域的专家参与讨论。作者中包括科学家、人文学者、教育工作者，以及曾经担任过科研机构领导的管理工作者，众人立场、观点不尽相同，却都能各抒己见，畅所欲言。如今汇集两个专栏的文章出版，分为上下两编，是为《科学的哲思："斯诺命题"与"科玄论战"》。

刘　钝

2024 年 4 月

（本文作者刘钝系国际科学技术史学会原主席、清华大学科学史系教授、中国科学院自然科学史研究所研究员）

目 录

下　　编

上　编

斯诺与"两种文化"之争

刘 兵

    1959 年 5 月 7 日下午,在英国剑桥大学评议会大楼,作为剑桥大学展示性的公共活动之一,每年一次的瑞德演讲照例在这里举行,这一次,注定要成为历史性的演讲。C. P. 斯诺就是这次的演讲者。

    斯诺 1905 年 10 月 15 日出生于英国中部地区中心的莱斯特,他在当地的奥德曼·纽顿学校读书,这是一所普通文法学校,但对科学有着突出的重视。1923 年他成功地通过了中级科学考试,在随后的两年中,他曾担任学校的实验室助理,同时博览群书,尤其是 19 世纪的欧洲小说。1925 年,他成为附近莱斯特大学学院新成立的化学与物理系的学生。1927 年,斯诺在化学专业取得了第一名的成绩。1928 年,他获得物理学硕士学位。1928 年 10 月,他赢得了奖学金,进入剑桥大学基督学院攻读哲学博士学位。

    博士毕业后,斯诺开始了他的科学研究生涯,在 25 岁时他就当选为基督学院的研究员。但后来,因为在研究中出现了错误,他发表在《自然》刊物上的论文被撤回,随后也就基本上停止了科学的研究。但前期他所受到的科学训练和后来的研究经历,还是为其后来对科学的关注和讨论打下了重要的基础。

不过，在科学研究上的挫折却也导致斯诺开启了新的职业生涯。1932 年，他出版了侦探小说《航行中的死亡》（*Death Under Sail*）。两年后，又出版了以科学家为主角的小说《探索》（*The Search*），这部小说也曾有中译本在国内出版。1940 年至 1970 年出版的 11 卷《陌生人与兄弟》系列小说，更是奠定了他作为文学家的地位。在第二次世界大战期间，他被临时选调到政府部门，负责招募和部署物理科学家来为战争服务，在此职位上，他也展现了出色的行政管理才能。第二次世界大战结束后，斯诺同时兼任两项职务，即政府部门负责科学事务的专员和私营企业顾问。20 世纪 60 年代，斯诺的声誉达到了高峰期，其文学创作也成为一些学者的研究对象。也正是由于他在文学创作方面的成功，在 1959 年，他已经可以放弃那些职务，作为演讲者和评论家成为公众人物。这一年在剑桥大学的瑞德演讲，就是他以这个新身份第一次亮相，也成为他一生中最著名、最成功的一次演讲。

1959 年的这次瑞德演讲随后很快就以《两种文化》为题出版了单行本。《两种文化》一经出版，便在国际上引起了巨大的反响和诸多的讨论。尤其是斯诺在 1963 年补充撰写了《再看两种文化》一文之后，这本书又曾有多种版本出版，成为一部一直畅销的经典名著，并引发了激烈的争议，其中作为核心论题讨论的"两种文化"问题，也在相关的科学、文化和教育等领域被人们关注至今。20 世纪 90 年代末，在由剑桥大学出版社出版的新版①中，英国剑桥大学思想史和英语文学荣誉教授科里尼（Stefan Collini）为之撰写了长篇的"导言"。他在导言中总结说，斯诺在演讲中"至少做成了三件事：推出了一个短语，甚至也可以说是一个概念，并开始了不可阻挡的、成功的国际生涯；提出了一个问题（后来这又变成了几个问题），这是现代社会中任何有反

---

① C. P. Snow, *The Two Cultures*, Cambridge: Cambridge University Press, 1998.

思意识的观察者都必须要探讨的；引起了一场争论，其范围、持续时间，以及激烈程度（至少有时）都是引人注目的"。

科里尼教授所说的"推出了一个短语，甚至也可以说是一个概念"，就是斯诺所命名的"两种文化"，也即"科学文化"和"文学文化"。斯诺由于自身的职业经历——既曾作为一名科学家，又是一个文学家——所以注意到在科学家和文学知识分子这两类人之间，"智力相近，种族相同，社会出身没有明显差别，收入也相差无几，但却几乎完全不再沟通"，在知识上、道德上和心理气质上的共同点如此之少，甚至不仅限于英国。他认为，"整个西方社会的智力生活正在日益分裂成两极对立的群体"。这是整个西方的问题。"一极是文学知识分子，另一极是科学家"，"在这两极之间存在着一个相互不理解的鸿沟，有时（尤其是在年轻人之间）还存有敌意和反感，但大多数是缺乏理解。他们对对方都有一种荒谬的、歪曲了的印象。他们处理问题的态度是如此不同，以致于在情感的层面，也难以找到很多共同的基础"。

由于在这两种文化之间缺乏沟通，斯诺认为，作为这种两极分化的后果，无论"对于我们个人，对于我们的社会都是损失"。"这也是实际应用、智力和创造性方面的损失"，会导致在思想和创造力的核心地带错失一些最佳的机遇。因而，"无论在最抽象的精神的意义上，还是在最为实践性的意义上，弥合我们在文化之间的分裂都是必要的"。

关于两种文化分裂问题的提出及随后的争论，有几个问题是需要指出的。其一，如果仔细阅读，人们会发现，斯诺最初提出的"两种文化"本是指以科学家为代表的"科学文化"和以文学知识分子为代表的"文学文化"，在最初的瑞德演讲中，几乎都没怎么使用"人文"的概念，而在后续的《再看两种文化》中，虽然也几次提及了"人文学科"，但并没有使用"人文文化"的概念。实际上，将斯诺提出的

“两种文化”理解为“科学文化”和“人文文化”，是在后来的讨论和认识中形成的，也可以理解为是斯诺所提及的实际是作为“人文文化”之子项的“文学文化”进而泛化推论的结果，倒也不与斯诺的本意有什么矛盾。

其二，关于两种文化分裂的问题，斯诺只是在恰当的场合和时机明确地提出了这个概念而已，正如他在 1963 年所写的《再看两种文化》中就曾说道，“60 年前，两种文化就已经危险地分离了”。其实，像 20 世纪 20 年代出现在中国学界的著名的“科玄论战”，聚焦于科学与人生观，从字面的意义来看，似乎争论的是科学与哲学之间的关系，但就其实质来说，争论的其实也是科学与作为人文传统之子类的哲学之间的关系，争论其间究竟谁为主导，其实可以算是中国版的两种文化之争了，只是没有以“两种文化”这个概念来称呼而已。

其三，在斯诺最初引发有关两种文化的争论时，他自己的立场并非中立，而是明显地偏向科学一方。关于初期的论战，科里尼在其长篇的“导论”里已经总结得很清楚了。在争论中斯诺的对手所抨击的，主要也是他的这种过于偏向科学的倾向。斯诺的这种立场，固然与他个人的经历有关，但也与当时科学和技术的迅猛发展和应用，以及其给社会带来的影响相关。另外，对科学之更深入的人文研究，也远在此之后，因而，如果以当下学界对科学之人文研究的总趋势来看，显然斯诺的立场还是有其偏颇之处的。

其四，斯诺提出两种文化的分裂问题，强调要沟通两种文化，虽然是基于当时的情况，但这个问题在后续发展中的意义是，如果我们以更宽泛的理解来看待两种文化之争，那么就会发现，其实有关两种文化的差异及由此导致的争论，在不同的时代是有着不同的表现形式的。例如，像西方出现于 20 世纪末的“科学大战”（Science War），以及当代中国出现的中西医之争等,在实质上其实也都可以理解为是两种文化之分裂和彼此争论的不同表现。

其五,斯诺在瑞德演讲中,明确地将导致两种文化分裂的原因归结为教育,归结为教育的过于专业化。在今天的认识中,虽然不能将教育当成两种文化分裂的唯一原因,但教育显然是导致这种分裂的重要原因之一。因而,在此之后,在教育领域,直到今天,世界上将科学和人文相结合,以期沟通和弥合两种文化的努力一直没有停止。面对中国的现实,这样的努力自然也是更有其重要意义的。

其六,无论还存在什么争议,绝大多数人对于要沟通和弥合两种文化这一目标,都是没有太大异议的。在科学技术更加迅速发展并给社会带来更大影响的今天,讨论两种文化问题有着更加重要和现实的意义。对此,斯诺在《再看两种文化》中就已经有所考虑:

> 拥有两种文化却不能或不进行交流,这是危险的。在科学正在决定着我们命运(即要么我们活着,要么我们死去)的很大部分的时代,从最切实际的语言来说,这是危险的。科学家们可能会给出糟糕的建议,而决策者们却不知道这建议是好还是坏。另一方面,在一种分裂的文化中,科学家提供具有某种潜力的知识,但这样的知识却只是他们自己的。所有这一切都使得政治进程变得比我们应该要长期容忍的要更加复杂,在某些方面也更加危险,这样的容忍或是为了避免灾难,或是一种作为对我们的良知和善意之挑战的等待——为了一种可以确定的社会希望的实现。

(本文作者刘兵系清华大学科学史系教授)

"两种文化"的前世渊源

刘　钝

　　谈到"两种文化",人们立刻会想到英国学者斯诺(C. P. Snow)1959 年在剑桥大学的那场著名演讲。其实,有关科学与人文的分野自古就存在,只是没有后来那么明显罢了。

　　古希腊的许多哲人都是文理不分的,柏拉图(Plato)在《理想国》中借苏格拉底(Socrates)之口讲出"能将灵魂引导到真理"的四门学艺,顺序是算术、几何、天文和音乐,加上语法、逻辑(雄辩)和修辞,构成古希腊高等教育的主要内容。罗马人继承了这一传统,西塞罗(Cicero)等古典拉丁语作家都留下了论述,认为一个有教养的人应该全面掌握这七种"自由艺术"。公元 6 世纪的基督教学者波埃修(Boethius)首先使用拉丁文 Quadrivium 表示算术等"四艺",还分别为它们撰写了入门读物。过了 200 多年,另一个对应词语 Trivium 现身拉丁语世界,用来表示语法等文科"三艺"。

　　在西方中世纪的修道院或类似学校中,"三艺"为初级学艺,"四艺"为进阶课程。今日英语中表示"琐碎""次要"的单词 trivial,就脱胎于中世纪的这种知识划分。中世纪晚期,欧洲出现了大学,同时,数学、力学、光学、天文学及医学都获得了新的发展,其结果是学科专业化与学术割据的出现，专业化的教授与那些学习"四艺"的人，自认为高出文科学者一等。文艺复兴常被人说成是一场对古代希腊—罗马文明的全方位回归，包括古代科学在内。但是也有研究者恰当地指出，在大学里，早期的文艺复兴主要体现为三种初级学艺对四种高级学艺的反叛，也就是那些以教授正规拉丁文和希腊文为业而又不甘充当配角的人对高高在上的专家们的反叛。前一类人通常被称为"语文主义者"（umanisti），其主要诉求是恢复古代语言文字的纯正风格；但是 umanisti 一词后来不知怎么同"人文主义者"混淆了，其实"人文主义"（humanism）一词是 19 世纪的发明①。在 14—15 世纪意大利的语境中，"语文主义者"指的就是钻研语言文字这门学问的人，它与"人文""人性"密切相关。这一概念可以上溯到西塞罗，他认为人和动物的根本区别就在于语言，有教养的人必然是识文断字、能说会道的。

　　文艺复兴运动的早期倡导者彼特拉克（Petrarch）是一位诗人，他生活在 14 世纪，虽是意大利人，却长期居住在法国的阿维尼翁。当时法国王室势力强大而专横，一再干预罗马天主教廷的事务。在法国王室的影响下，1309 年法国籍的教皇克雷芒五世（Clement V）把教廷从梵蒂冈迁到阿维尼翁。

　　彼特拉克终生梦想着恢复罗马帝国昔日的荣光，他厌恶大学里晦涩难懂的专业术语，对维吉尔（Virgil）、贺拉斯（Horace）、西塞罗等使用的优雅语言顶礼膜拜。他本人曾发现西塞罗和李维（Livius）的若干作品，还试图学习希腊文。他的努力带动了后来的人文学者们从修道院发掘古代文献的热潮。彼特拉克还曾公开批评医学，在一篇名为

①　（英）贡布里希：《文艺复兴：西方艺术的伟大时代》，李本正、范景中编选，杭州：中国美术学院出版社，2000 年，第 3 页。

《对医生的指责》的文章中,他用刻薄的语言挖苦医生:"去干你的行当吧,去修理人的身体吧,但愿你能成功,否则就杀死他,再去索取你的酬金……你怎么可以干如此卑鄙的勾当,让修辞学委身医学,让主人服侍奴仆,让自由的艺术从属于机械的艺术呢?"①

15世纪下半叶,美第奇家族的大当家洛伦佐(Lorenzo de' Medici)揭示了一个有趣的现象:他发现佛罗伦萨的艺术家和学者们瞧不起帕多瓦的大师们,认为后者的见解是"古怪的和充满幻想的"②。实际上,他在这里揭示了文艺复兴盛期的两种不同文化走向,分别以佛罗伦萨与帕多瓦这两座城市为据点:前者聚集了以"回到柏拉图"为信条、高扬人性第一的诗人、艺术家和人文学者们;后者则是坚守亚里士多德-阿威罗伊传统、以精密科学和逻辑推理为旗帜的医生和科学家们。

1515年,一群深受彼特拉克影响的青年诗人出版了一本名为《匿名者信札》的书,他们模仿某些大学教师的口气,故意用蹩脚的拉丁文写成。这可以说是最早的学术诈文③事件了。钱玄同与刘半农在1918年、索卡尔在1996年都重演了类似的喜剧。不过钱、刘的嘲讽对象是反对新文学运动的保守势力,索卡尔揶揄的是那些追逐后现代风尚的当代人文学者,而意大利的"语文主义者"诗人们攻击的对象,多数是以讲授"四艺"和医学而在大学拥有特权的教授。谁代表进步的一方,谁代表保守势力,在当时的语境下是很难断然下结论的。

早期文艺复兴对"四艺"的非难,以及19世纪学者们过于简单的

---

① 转引自(意)加林:《意大利人文主义》,李玉成译,北京:生活·读书·新知三联书店,1998年,第23—24页。

② 转引自(意)加林:《意大利人文主义》,李玉成译,北京:生活·读书·新知三联书店,1998年,导言,第1页。

③ 所谓诈文,是指文中故意人为设置了许多常识性科学错误和混乱的逻辑。

"复兴—进步"图式，也引起了一些科学史家的不满。

法国物理学家兼科学史家迪昂（Pierre Duhem）以"发现中世纪"为帜志，认为中世纪并非一片黑暗，其中许多科学议题对 17 世纪近代科学的诞生具有不可低估的意义。

美国科学史家萨顿（George Sarton）的看法颇有些矫枉过正的味道，他认为："无论从科学还是从哲学的观点上看，文艺复兴都是一个无可置疑的退步。中世纪的经院哲学虽然愚钝，却是诚实的，而标志文艺复兴时期特点的哲学，即佛罗伦萨的新柏拉图主义，从寻求现实价值的角度来看，则是一些思想非常空泛的浅薄混合物。"[1]

另一位法国科学史家柯瓦雷（Alexandre Koyré）则持相反态度，他称颂文艺复兴引导人们重新发现柏拉图的美学意义，认为近代科学的诞生代表了柏拉图对亚里士多德的颠覆、数学对经验的复仇。换言之，他肯定文艺复兴时代柏拉图主义的复苏影响了哥白尼-伽利略革命。

无论是萨顿对文艺复兴的恶评，还是科瓦雷对文艺复兴的赞美，乃至"语文主义者"们对大学教授的口诛笔伐，都折射出中世纪与文艺复兴学术旨趣的差异。放在"两种文化"的框架中，科学文化与人文文化割裂的图景也增添了浓厚的历史氛围。

然而我们不要忘记，文艺复兴还催生了一类新型人物，从专业训练和教育背景上看，他们更接近艺术家和诗人，而与大学里的专业学者异相旨趣。布鲁内莱斯基（Filippo Brunelleschi）、阿尔贝蒂（Alberti）、弗兰切斯卡（Piero della Francesca）、达·芬奇（Leonardo da Vinci）和丢勒（Albrecht Dürer），对建筑与雕塑的兴趣使他们关注力学，对人体

---

[1] 转引自（意）加林：《意大利人文主义》，李玉成译，北京：生活·读书·新知三联书店，1998 年，第 2 页。

的描绘使他们接触解剖学,对三维图像的精确表达使他们研究几何学和透视学。这些人混杂了学者与工匠这两种传统,科学与人文在个人身上得到很好的平衡。甚至在拉斐尔(Raffaello Sanzio)的名画《雅典学园》中,四门高级学艺都得到了非常精致的表现。

18世纪被称为启蒙时代,百科全书派的领袖狄德罗(Denis Diderot)高度重视科学与技艺,他主持了《百科全书》的编纂工作,并邀请数学家达朗贝尔(Jean le Rond d'Alembert)担任副主编,伏尔泰(Voltaire)、孟德斯鸠(Montesquieu)、爱尔维修(Claude Adrien Helvétius)等纷纷为《百科全书》撰稿。《百科全书》的副标题是"科学、艺术和手工艺分类词典",1751年首版扉页的插图完美地表现了编纂者的宗旨:一位代表真理的女神沐浴在光明中,代表理性和哲学的两位女神正在揭开罩在她身上的轻纱,下方还有十来位女神,代表算术、几何、天文和音乐的女神都在其中并居显著位置。

启蒙时代的另一位思想家卢梭(Jean-Jacques Rousseau)则相当另类,他通过赞美斯巴达贬低雅典来申扬其反理性主张。1750年在第戎科学院举办的征文大赛中,卢梭对"艺术与科学是否有益于人类"的题目作了否定的论述并一举夺冠。他指出,文化在赋予人类种种非自然需求的同时,也强使他们受制于这些需求;他说科学产生于卑鄙的动机,文明令人腐化,只有野蛮人才具有高尚的德行。这些思想在他1755年的《论人类不平等的起源和基础》中得到进一步发挥。当卢梭把这一著作送给伏尔泰后,后者进行了尖刻的嘲讽,两位启蒙大师从此反目,对立如同水火。严格说来,卢梭的反理性并不涉及"两种文化"的分野,但是他强调尊重人的天性和感情的思想,对欧洲后来的浪漫主义思潮产生了很大影响,而浪漫主义在相当程度上是对启蒙运动的反动。

　　法国人对伏尔泰和卢梭给予了同样的尊崇和荣誉，他们的灵柩都被安放在先贤祠，两个墓室面对面。夜阑人静，游人散尽，两位哲人是否还在继续他们的争论呢？

　　（本文作者刘钝系国际科学技术史学会原主席、清华大学科学史系教授、中国科学院自然科学史研究所研究员；本文首次发表于《中国科学报》2019 年 4 月 19 日第 5 版）

再谈"两种文化"的前世渊源

刘　钝

一

　　启蒙运动的一个产物是科学进步论，被称为法国大革命"擎炬人"的孔多塞（Marquis de Condorcet）是这一观念的倡导者。他幻想用数学方法来处理社会问题，从而使社会科学摆脱感情干扰而迈入纯理性王国。其代表作《人类精神进步史表纲要》对人类理性的发展必将带来社会进步充满信心，尽管他是在大革命的恐怖气氛中完成的写作。稍后则有孔德（Auguste Comte）提出人类精神发展的三个阶段，可以说是承接了孔多塞与其他启蒙大师的思想余脉。在孔德看来，先是哲学和理性（形而上学）取代上帝与神灵（神学），然后是科学和数学（实证）统御人类的精神世界，与之对应的物质世界则是工业社会。

　　科学革命的胜利和工业革命的成就，使不同流派的思想家或多或少地接受了科学必然导致进步的观点，孔德的实证主义、边沁（Jeremy Bentham）的功利主义、斯宾塞（Herbert Spencer）的社会达尔文主义，都从不同角度呼应了科学进步论。孔德与斯宾塞的信徒皮尔逊（Karl Pearson）可以说是这种思潮在科学界的重要代表。他在 1892

年出版的《科学的规范》一书中，充分展示了科学家对哲学家的优越感。皮尔逊嘲讽康德（Immanuel Kant）发现宇宙被创造只是为了使人的道德行为有一个可以表现的场所，黑格尔（Georg Hegel）和叔本华（Arthur Schopenhauer）甚至在不具备基本物理知识的情况下就来"说明"宇宙。他在书中写道："诗人可以用庄严崇高的语言给我们叙述宇宙的起源和意义，但是归根结底，它将不满足我们的审美判断、我们的和谐和美的观念"；"黑格尔哲学威胁要在德国压制幼稚的科学的时代已经过去了"①。

　　与此相反，18 世纪至 19 世纪欧洲流行的浪漫主义思潮恰恰出于对"进步"这一观念的质疑，典型的例子是他们关于文艺复兴的价值判断。在启蒙运动思想家和各类科学进步论的拥趸们那里，文艺复兴无疑是进步的，中世纪当然就是黑暗的或停滞的。笔者在《"两种文化"的前世渊源》一文中提到，某些重视历史连续性的科学史家，对这种为了抬高文艺复兴而把中世纪说得一团漆黑的说辞持批评态度，他们认为中世纪的经院哲学中存在着理性与逻辑的成分，而文艺复兴在某种程度上中断甚至抑制了这种足以导向近代科学的因素。不过在浪漫主义作家那里，同样出于对中世纪的推崇，他们摈弃理性而诉诸信仰来否定文艺复兴。质言之，他们赞美那个有着共同信仰基础、注重个人精神生活、前仆后继协力建造大教堂的时代。英国著名的文学批评家罗斯金（John Ruskin）认为，文艺复兴的艺术耽溺于感官享受而漠视灵魂的救赎，因此是堕落的。

　　1820 年，浪漫主义诗人雪莱（Percy Shelley）的友人皮考克（Thomas Peacock）发表了一篇短文，提出在科学与技术昌明的时代，诗歌已经不合时宜。雪莱为此写了《诗辩》回应，以道德、审美和灵

---

① （英）卡尔·皮尔逊：《科学的规范》，李醒民译，北京：华夏出版社，1999 年，第 19 页。

感为诗歌张目，同时批评了功利主义与科学至上的观点。歌德（Johann Wolfgang von Goethe）、席勒（Friedrich Schiller）、布莱克（William Blake）、拜伦（George Byron）、华兹华斯（William Wordsworth）、柯勒律治（Samuel Taylor Coleridge）等浪漫主义诗人，也都注意到了理性与感性的分离引起的社会和道德问题，认为诗歌与文学是实现道德救赎的不二良方。

<h1 style="text-align:center">二</h1>

19 世纪，随着“科学”取代“自然哲学”，“科学家”这个新词在维多利亚时代的英国成了一种令人尊敬的职业的指称。围绕着教育的目标及内容，科学与文化的两途分立显得愈加清晰起来。

1867 年，时任英国教育部皇家督学、被称为“人文主义传统在英国的伟大继承者和传播者”的阿诺德（Thomas Arnold），在其告别牛津诗学讲座教席的演讲《文化及其敌人》中，表达了对古典人文传统日渐式微的忧虑，并激烈批评功利主义影响下的教育改革。1869 年，他又出版了措辞更加尖锐的《文化与无政府状态》，书中对英国人所“尊崇的机械与物质文明”和使“人性获得特有的尊严、丰富和愉悦”的文化之间作了一番对比，认为人类“对机器的信仰已经到了与它要服务的目的荒谬地不相称的地步”。

1880 年，有“达尔文的斗犬”之称的博物学家赫胥黎（Thomas Henry Huxley），在伯明翰大学的前身梅森理学院发表了题为《科学与文化》的演讲，提出要为那些希望从事工业和商业的人们提供系统的科学教育，批评传统的古典人文教育浪费了青年学子的光阴；他还说科学不仅可以为人类带来物质利益，而且足以承担阿诺德所珍视的

"对生活的批评"的角色,因此"文学将不可避免地被科学所取代","如果脱离物理科学的成果,不论民族还是个人都不会真的前进"。

1882 年,阿诺德在剑桥大学作了题为《文学与科学》的演说,显然是直接回应赫胥黎有关道德教化的说辞。他指出,一个繁荣国家的公民必须理解人类所思所言的最好东西,包括古希腊、古罗马、古代东方及自己国家的文化背景,在这方面,恰恰是文学而不是物质化的科学为人类指示了行为的意义和审美的标准。因此,"只要人类的天性不变,文化就将继续为道德理解提供支点"。

三

近代从学理上最接近"两种文化"分野这种表述的,是 19 世纪末德国弗赖堡历史学派传人李凯尔特(Heinrich Rickert),他在 1899 年出版的《文化科学和自然科学》中,围绕着学术分类问题阐述自己的历史哲学,提出了自然与文化、自然科学与历史的文化科学这两种基本对立。

按照他的观点,自然是那些自生自长物的总和,文化则或是人们按照预定目的生产出来,或是虽然业已存在、但由于其固有价值而受到人们特意保护的那些事物。他强调"价值"是区分自然与文化的标尺:一切自然的东西都不具有价值,都不能被视为财富,从而不需要从价值的观点去进行考察;相反,一切文化的产物都必然具有价值,都可以被视为财富,因此必须从价值的观点加以考察。

这样一来,他就把自然科学与历史的文化科学形而上学地对立起来:前者不以价值判断附加于所考察的对象,其兴趣在于发现事物或现象的普遍联系和规律,典型的如天文学和物理学;后者旨在研究与文化价值相关联的对象,并关注对象的特殊性和个别性,如严格的历史学;其他一些学科则介于这两种截然不同的学术取向之间,例如社会学、经济学、法学属于"半科学的历史学",因为它们要求价值判断并考虑一般化的问题;地质学、进化生物学则属于"半历史的自然科学",因为它们不诉诸价值判断并考虑个体化的问题。

四

1923 年发生在中国思想界的"科玄论战",在相当程度上也可看作是一场有关"两种文化"的论战。在短短的几个月时间里,众多大佬和学术新星陆续登场,演绎出中国近代思想史上颇为壮观的一幕大戏。

不过,在当时那个政局动荡、民生无保、普通百姓不知"赛先生"为何物的国度,"科学与人生观"的讨论很难引起全社会的共鸣。就科学阵营的"大将们"而言,对"科学"的任何微词都无异于挑衅五四运动张扬的大旗,因此必须予以痛击;就玄学阵营而言,他们实在是生不逢时,谈心论性与当时中国的严酷现实存在着太大的反差。结果是,这一场有着诸多顶尖思想家和学者参与、本来可以成为更高水准理论交锋的"科玄论战",未能达到塑造更具前瞻性文化形态的效果,隐身其后的涉及物质文明与价值判断的深刻意义,没有也不可能引起国人的充分注意。

当时的中国知识精英们多半不知道,就在"科玄论战"如火如荼展开之际,两位英国绅士也为科学与人类命运的关系展开了针锋相对的辩论,他们就是日后成为著名遗传学家的霍尔丹(J. B. S. Haldane)与当时早已声名显赫的哲学家罗素(Bertrand Russell),争论的焦点是科学是否必定给人类带来更美好的未来。

　　1923 年 2 月 4 日，刚从牛津转过来不久的霍尔丹在剑桥大学发表了一篇题为《代达罗斯，或科学与未来》的演讲，以希腊神话中的巧匠代达罗斯为隐喻，宣称科学将对传统道德提出挑战并造福人类，在科学探索的路上无须顾忌任何禁地。翌年罗素发表《伊卡洛斯，或科学的未来》予以回应，借代达罗斯之子伊卡洛斯飞天坠落的故事，警告人类对科学的滥用将会导致毁灭性灾难。罗素在《伊卡洛斯，或科学的未来》中表现出来的对科学的质疑，可以说是 20 世纪初流行于西方知识分子中间的一种思潮，它与不久前发生的第一次世界大战带来的浩劫有关，也是对启蒙时代以来有关"科学导致进步"这一观念的深刻反思。罗素写道："伊卡洛斯在父亲代达罗斯指导下学会了飞行，由于鲁莽而遭到毁灭。我担心人类在现代科学人的教育下学会了飞行之后，亦会遭遇相同的命运。"①

　　由此看来，"两种文化"的分裂由来已久，斯诺只不过是用简洁明快的方式表达出来而已。斯诺的演讲问世之后，尽管针对这一命题的批评屡见不鲜，但是当今西方学术界的主流还是承认，科学文化与人文文化的割裂与制衡，乃是思想史上一个绕不开的议题。

　　（本文作者刘钝系国际科学技术史学会原主席、清华大学科学史系教授、中国科学院自然科学史研究所研究员；本文首次发表于《中国科学报》2019 年 6 月 21 日第 5 版）

---

　　① （英）罗素：《伊卡洛斯，或科学的未来》，《科学文化评论》2014 年第 11 卷第 4 期，第 6 页。

把科学文化嫁接在传统文化的根基上

李 侠

文化的改造从来都不是采取推倒重来的模式，而多是遵循渐进融合模式。渐进融合模式相当于自然演化，在试错中缓慢推进，虽然后果不可控，但一旦形成也很少逆转。这种模式有一个缺点，即无法展现人的主观能动性，而且文化变革速度过慢。在深入了解文化的结构之后，想要改变这种境况，可以采用一种新模式：文化的嫁接模式，即把一种新型文化嫁接到传统文化上。所谓嫁接，原本是植物的人工繁殖方法之一，即把一种植物的枝或芽，嫁接到另一种植物的茎或根上，使接在一起的两个部分长成一个完整的植株。嫁接既能实现新文化的优势，又能很好地利用传统文化的社会认同基础，这有利于保证经改造后的文化的存活与正常发生效用。生物学研究告诉我们，影响嫁接成活的主要因素首先是接穗和砧木的亲和力，其次是嫁接的技术和嫁接后的管理。所谓亲和力，是指接穗和砧木在内部组织结构、生理和遗传上，彼此相同或相近，从而能互相结合在一起的能力。在这里，"接穗"相当于科学文化，"砧木"相当于传统文化的基质。

基于这种类比，这里的文化嫁接模式就是指：把科学文化嫁接到传统文化的根基上，从而达到改造传统文化的目的。为了实现两种文化的嫁接与存活，需要对传统文化的特点做进一步的分析，只有这样才能解决两种文化嫁接时的亲和力问题及排异反应。

众多学者研究达成的共识是，中国传统文化由三种文化要素构成，分别是儒家文化、道家文化与佛教文化。这三种文化要素中，由于历史的影响，儒家文化长期被官方授予正统地位，久而久之在影响力方面居于优势地位，其次是道家文化，最后是佛教文化。这种构成结构导致传统文化在日常生活中以儒家的伦理规范作为行动选择的依据，其他两种文化则以隐性的形式辅助个体的行为决策，只有在特殊情况下，其功能才会以显性形式呈现。根据阿兰·斯密德（Allan A. Schmid）的"状态–结构–绩效"（SSP）三元结构模型，不同的结构安排会导致不同的功能和状态，因此还需要对传统文化的功能进行分析。由于整体的功能是由部分功能整合而成，这就需要对各构成要素的功能进行分解。

儒家文化的典型特征是入世，强调的是经世致用；道家文化的典型特征是出世，强调的是无为而治；佛教文化的典型特征是弃世，强调的是脱离现世的苦海。这三种文化功能的整合会出现很有趣的局面：对于个人而言，如果儒家文化的力量超过后两者的力量之和，那么这个人会呈现出积极的入世姿态，带来创造力的释放，如果全社会这种力量占优势，那么整个社会将呈现出活力较强的状态；反之，如果儒家文化的力量不如后两者的力量之和，那么个体则会呈现出创造力缺乏的状态，整个社会会表现为活力不够。从这个意义上说，科学文化是具有创造力的入世文化，它与传统文化中的儒家入世精神及实用主义价值取向高度匹配，这就决定了两种文化嫁接的亲和力是很强的，从而在文化的结构层面上保证了嫁接成功的可能性。

为了保证文化嫁接的成功与质量，还需要清理传统文化中不适合嫁接的文化因素。在某种程度上讲,道家文化和佛教文化中的出世与弃世的特质,与科学文化的价值取向是相反的。诚如钱穆先生所言: 从此佛学彻底中国化,佛教思想乃不啻成为中国人求在现世建大群体之一支。而佛学之堕退而流入社会下层者,乃亦与道家方术异貌同情,常在乱世稍稍见其蔓延之迹。由是观之,佛、道两要素常居于社会边缘,故而无力也无心于创新。庄子所谓的"有机事者必有机心",这种心态已然清晰地揭示了这种价值取向所带来的潜在后果。发生在16世纪的西欧宗教改革,新教的诞生作为文化改造成功的经典案例,使人们的观念从上帝之城转向俗世之城,这种入世的价值取向,催生了近代资本主义的兴起(韦伯,《新教伦理与资本主义精神》)与近代科学的兴起(默顿,《十七世纪英格兰的科学、技术与社会》)。20世纪六七十年代伊朗巴列维的文化改革,由于伊斯兰文化的精神特质与科学文化的精神特质之间存在强烈排异反应,最终失败。

从这个意义上说,中国传统文化中只有儒家文化构成要素与科学文化在价值取向上相匹配,从而具有亲和性。其他两者则不具有亲和性,一旦儒家文化彻底僵化,那么嫁接就不容易成功。这也间接解释了李约瑟难题在文化层面上遭遇的困境。现在我们还需要揭示传统文化的一个经典难题,既然中国传统文化中暗含这种退化的基因,那么,为什么这种文化还能够延续几千年而不绝,这是值得高兴的事吗?

一种文化能够延续几千年而不绝,关键在于其拥有稳定的信奉者,从而导致一种有问题的文化由于其信奉者的持久性存在而得以延续。从这个意义上说,中国传统文化中儒家文化、道家文化与佛教文化三种文化要素各自发挥着独特作用:对于刚踏入社会的年轻人而言,儒家文化所倡导的入世精神与其人生选择正好相匹配;及至人到中年,很多梦想开始破灭,再也无法实现,此时道家文化的出世精神又可以充分消解这种人生的失意与挫折感；待到老年，一切已经定型，再无改变的可能，加之身心的困厄与病痛折磨，早日摆脱这种状况已成普遍需求，此时佛教文化的弃世精神正好可以满足这一阶段的心理需求。

由此，我们可以得出一个有趣的推论：在传统文化场域内，如果文化的主导构成要素没有出现僵化，再加上群体中年轻人的比例占优，那么这个场域理论上就会呈现出积极入世的精神面貌，从而在创新能力或社会活力方面表现出进步态势。梁启超所谓"少年强则中国强"，其内在机理更在于文化主导要素的开放性（防止僵化）及群体的数量而非某个体的能力。根据官方发布的权威数据，中国已经进入了老龄化社会。通过大力引入科学文化要素，或可在一定意义上有利于激发不同年龄群体的创造性与活力，有利于挖掘整个社会的智力资源。

遥想一百多年前的新文化运动，当年的先贤大哲们以大无畏的精神果敢地提出"打倒孔家店"，全面引入"德先生"与"赛先生"，以此达到彻底改造中国传统文化的目的。其采取的路径与我们今天有很多相似的地方，即用"赛先生"（科学文化）代替传统文化，用"德先生"（民主机制）为整个社会提供抚慰。"药方"不错，可惜效果并不理想。究其失败原因，无非两条：其一，新文化受众的规模过小。当时的中国是一个文盲与半文盲占多数的国家，科学文化是高深文化，能够接纳的群体规模过小，从而无法充分展现科学文化的规模效应。其二，全盘否定传统文化，目标定位不准，这种激进的替代策略必然招致各要素群体的联合自保与激烈反抗。

我们今天的策略是合理利用传统文化，精准划分其构成要素，而不是一概否定，使传统文化成为新文化的生存根基，而不是天然的敌人，这就是文化嫁接模式的优势所在。德国社会学家曼海姆（Karl

Mannheim)曾指出:一切具体的思想都发生在某一确定的历史生活空间,并且唯有参照这个空间才能得到充分把握。改革开放 40 多年以来,我国已经有数量相当庞大的高校毕业生进入社会,这是推进科学文化的最大受众基准面。文化嫁接的亲和力与认同受众的规模高度正相关。按照人口变化规律来看,未来接受高等教育的人数占人口的比重会越来越大。

哲学家 C. 弗兰克曾指出:任何一种社会形式在人的精神生活及信仰高于它时便走向灭亡,失去自己的宗教基础,正因为如此,才注定要衰败、要消亡。因此,当下推进科学文化正处于一个非常好的历史窗口期。

(本文作者李侠系上海交通大学科学史与科学文化研究院院长;本文首次发表于《中国科学报》2019 年 5 月 10 日第 5 版)

"两种文化"命题与科学主义

刘　兵

　　自从斯诺 1959 年在剑桥大学作了关于"两种文化"的演讲之后，对于"两种文化"的分裂及其危害，以及如何弥合两种文化之间鸿沟的讨论一直贯穿在各种场合，尤其是在教育和科学传播领域。两种文化及其间的分裂这一命题的提出，对于引起人们关注这一社会现象及其带来的问题，是极有价值的。斯诺在提出这一命题时有当时的背景和他的立场。在后来，尽管人们谈论的两种文化与当初斯诺所关注的两种文化也许在精确的定义和理解方面有所不同，但在新的发展形势下应用这一概念来看待问题，也仍有其在分析框架上的适用性。也就是说，在不同时代的新的理解中，对于新出现的争议和问题，两种文化的这种分析方式依然成立。例如，国外的科学大战，国内的中西医之争、转基因之争等，在实质上也不过是两种文化之分裂在新形势下对新问题之争的新表现而已。

　　虽然半个多世纪来人们努力弥合两种文化之分裂，但实际上，两种文化的分裂问题并没有从根本上得到解决，甚至在局部还有更加严重的趋势。其间当然有多种原因，不过，在两种文化分裂的表面现象的背后，更为深层的科学主义和人文主义立场的分歧应该是重要的原因。

其实，在斯诺刚刚提出这一命题时，他的科学主义立场的表现就似乎已经预示了后来的某些倾向。对此，我们可以注意到，在2003年上海科学技术出版社出版的《两种文化》译本中，由斯蒂芬·科里尼（Stefan Collini）所撰写的那篇儿乎占全书一半篇幅的"导言"中的总结和评论。

正如科里尼所注意到的，"很显然，斯诺吸收了关于科学的一个确定的文化概念，在那些年里，尤其是在那些'进步'的科学家和激进的科学发言人当中，这个概念显得特别充满活力"①。而且，斯诺更为渴望科学精英的统治，他对作为两种文化分裂案例的剑桥文学圈那种轻慢态度颇为反感。斯诺在这篇重要演讲的前期准备文章中也表明，两种文化的概念"在多大程度上是被对所谓'文学知识分子'的敌意激活的"，"他确信科学家群体比'文学知识分子'群体有更多的'道德健康'。他声称，科学家本性上就是关心集体福利和人类未来的"。②

由此可见，从两种文化命题提出的一开始，提出者就并不是站在一个中立的立场上，而是带有鲜明的科学主义倾向。在两种文化命题被人们普遍关注之后，虽然人们在要弥合两种文化的分裂这一点上似乎并无异议，但在对待两种文化的不同态度、不同评价，以及由之而来的如何弥合两种文化的不同方案中，科学主义立场和人文主义立场的分歧还是非常明显的。当我们关注两种文化问题时，不能不注意到这种更深层次的在立场上的差异。

因此，也正如科里尼在"导言"中所指出的："若要了解斯诺讲演以后事情是怎样变化的，就不能径直把他的分析当作一个没有疑问的

----

① （英）C. P. 斯诺：《两种文化》导言，陈克艰、秦小虎译，上海：上海科学技术出版社，2003年，第16页。
② （英）C. P. 斯诺：《两种文化》导言，陈克艰、秦小虎译，上海：上海科学技术出版社，2003年，第19—20页。

出发点。至于斯诺的中心思想在此后几十年里失去了一些市场，这不仅是由于概念本身的不可避免的老化过程，也是由于产生了重要的思想和社会变迁。"①实际上，从今天相关的学术研究进展来看，虽然争议依然存在，但像"文化相对主义"等思潮的影响也越来越大。如果我们在两种文化之争中，不能对科学文化和人文文化赋予同等的价值（这种不平等的态度在后来甚至当下的许多争论中经常可以见到），而是预设性地偏向某一方（在科学主义盛行的背景下自然会是偏向于科学文化一方），那么，一种可能性是，给根本地解决两种文化的分裂带来极大的难度；另一种可能则是，即使强行解决了两者间的分裂，也只不过是用其中的一种文化来压制另一种文化，并不是真正意义上平等的弥合。例如，像后来某些人所倡导的所谓"第三种文化"，其实质不过是在主体上以科学文化的强势表现作为特征的科学文化的变种而已。

因此，如果我们仍然认为两种文化的分裂还严重存在，仍然认为还有弥合其分裂的必要，那么在这样的努力中，应当注意到从一开始争论就存在的科学主义倾向，避免科学主义的强势立场，真正坚持文化的平等。这也许才能带来理想的文化融合，并最大限度地避免两种文化的分裂所带来的危害。

（本文作者刘兵系清华大学科学史系教授；本文首次发表于《中国科学报》2019年5月17日第5版）

---

① （英）C. P. 斯诺：《两种文化》导言，陈克艰、秦小虎译，上海：上海科学技术出版社，2003年，第38页。

在中国，是科学对人文的傲慢

吴国盛

　　斯诺提出的"两种文化"概念颇具命名力，如今被广泛用来刻画当代文化危机。所谓两种文化，说的是由于教育背景、知识背景、历史传统、哲学倾向和工作方式诸多的不同，两个文化群体，即科学家群体和人文学者群体之间相互不理解、不交往，久而久之，或者大家老死不相往来，相安无事，或者相互瞧不起、相互攻击。斯诺的意思，是希望两种文化之间多沟通、多理解，使差距和鸿沟慢慢缩小，使大家的关系变得融洽。

　　斯诺本人由于兼有科学家和作家两种角色，说起两种文化来似乎比较温和，不偏不倚，但也看得出他实际上偏向科学家群体，认为两种文化问题的要害在于人文知识分子的傲慢和自负。他曾经"恼火地"问人文学者："你们中间有几个人能够解释一下热力学第二定律？"①很替科学文化抱不平。

---

① （英）C. P. 斯诺：《两种文化》，陈克艰、秦小虎译，上海：上海科学技术出版社，2003 年。

一、无知与傲慢

斯诺所说的英国的两种文化（的分裂）问题，即人文学者对科学的傲慢、科学家对人文的无知，在中国的情况有所不同。"无知"确实是普遍存在的，甚至比英国更加严重，但"傲慢"却未必，如果说有，那也更多的是科学对人文的傲慢。

"无知"来自教育的失误。由于自 20 世纪 50 年代以来，中国实行严格的文理分科教育，搞得文不习理，理不学文，结果培养出来的学生知识结构单一、缺乏综合优势，从而创造能力不足，价值认同偏颇、工具理性与价值理性失衡，进而导致片面的世界观和人生观。分科教育、专科教育的结果是双重的无知：理科生对文科的无知，文科生对理科的无知。近些年来，这种教育体制的缺陷已经为学界所普遍意识，因而摆脱"无知"的呼声畅通无阻。通识教育模式正在高等院校里慢慢推行。在读书界，越来越多的科学家钟情于人文书籍，可惜的是，他们太忙，特别是一线科学家太忙；越来越多的人文学者表示出对科学书籍的热情，但可惜的是，我们为人文学者准备的好懂而又有趣的科学书籍太少。

如果说中国有"傲慢"，也并不表现或者主要不表现在科学家与人文学者之间，而是表现在意识形态领域，即科学主义日盛、人文主义式微。胡适曾说："这三十年来，有一个名词在国内几乎做到了无上尊严的地位；无论懂与不懂的人，无论守旧和维新的人，都不敢公然对他表示轻视或戏侮的态度。那个名词就是'科学'。这样几乎全国一致的崇信，究竟有无价值，那是另一问题。我们至少可以说，自从中国讲变法维新以来，没有一个自命为新人物的人敢公然毁谤'科学'

的。"①胡适的话揭示了中国的两种文化问题的特殊背景:自19世纪末叶以来,中国根本没有像西方那样有一个强劲的人文传统与作为新贵的科学传统相抗衡,相反,与中国的现代化事业相伴随的一直是人文传统的瓦解和崩溃。从新文化运动的"打倒孔家店"、科玄论战的玄学派彻底败北,到"文化大革命"的"大学还是要办的,我这里主要说的是理工科大学还要办"②、"文化大革命"后的"学好数理化,走遍天下都不怕",再到今日的"技术专家治国""工程效率优先",一以贯之的是人文的退隐和衰微。

盖尔曼在《第三种文化:洞察世界的新途径》中形容西方的两种文化时是这样说的:"不幸的是,艺术人文领域里有人,甚至在社会科学领域里也有人以几乎不懂科学技术或数学为自豪,相反的情况却很少见。你偶尔会遇到一个不知道莎士比亚的科学家,但你永远也不会遇到一个以不知道莎士比亚为荣的科学家。"③这话要搁在中国,也许应当这样说:"不幸的是,自然科学和工程技术领域里有人,甚至在社会科学领域里也有人以几乎不懂文史哲艺为自豪,相反的情况却很少见。你几乎不会遇到一个不知道爱因斯坦的人文学者,而且你永远也不会遇到一个以不知道爱因斯坦为荣的人文学者。"我记得在20世纪80年代,文学知识分子个个对控制论、信息论、系统论着迷,而90年代的"霍金热"很大程度上也是文学知识分子炒起来的。

① 张君劢、丁文江等:《科学与人生观》,长沙:岳麓书社,2012年。
② 《中国共产党大事记·1968年》,http://cpc.people.com.cn/GB/64162/64164/4416085.html。
③ 穆雷·盖尔曼."琴学".//(美)约翰·布罗克曼:《第三种文化:洞察世界的新途径》,吕芳译,海口:海南出版社,2003年。

二、和解与融通

中国有没有两种文化和解的势头？我的答案是：还没有。

中国还少有知名的科学家直接著书，向公众阐述自己的科学思想。虽然中国的科学主义意识形态发达，但中国的科学并不发达，还没有足够多的科学家站在科学的前沿，引领科学的发展方向。中国多年的偏科教育，使中国的科学家多数比较缺乏直接面向公众的写作能力。还有，中国并不存在人文学者对待科学的傲慢，并不存在媒体对待科学文化的歧视，相反，中国的人文知识分子和媒体热诚地欢迎科学文化。但中国的问题是，由于科学过于高深莫测，令人望而生畏，人文知识分子和媒体大都敬而远之，不敢望其项背。

但在中国的特殊条件下，斯诺所希望的两种文化的"和解"和"融通"却是很有希望达到的。在通往"和解"和"融通"的道路上，需要同时做两件事情，一件是以人文学者熟悉的方式向他们讲述科学的故事，让他们理解科学的人文意义，而不是把科学当成一个遥远而神秘的东西；另一件是向科学家重新阐述科学的形象，唤起他们之中本来就有的人文自觉，让他们意识到他们自己同样也是人文事业的建设者、人文价值的捍卫者。我认为，这是中国语境下"科学与人文"话题应有的思路。

在人文学者和科学家群体中分别促进对科学之人文意义的理解，应有不同的着眼点，这是当代中国的科学传播需要特别考虑的问题。针对人文学者，科学传播者应把科学带入人文话题之中，促成科学与人文的对话与交流，比如讨论科学的社会功能、科学家的社会责任、科学与宗教和艺术的关系。针对科学家，应着重揭示科学中的"自由"的维度，科学家对思想自由的捍卫、对科学发现中创造之美的领悟、对"为科学而科学"和"无用之学"的坚持，均是这种"自由"维度的表现。以"自由之科学"压倒"功利之科学"，正是科学之人文精神的胜利。

谁来完成这两大任务？中国的科学史界、科学哲学界、科学社会学界和科学传播界正适合担此重任。这里的成员通常都有理科背景，是分科教育制度下难得的"异类"；这些学科都是科学与人文的交叉学科，天然适合做沟通两种文化的桥梁。可惜的是，这四个领域尽管有着明显的家族相似性，但还没有一个合适的统称。我在这里姑妄称之为科学人文类学科。

近几年，科学人文类学科中的一些善于大众写作、善于在媒体前露面的学者，挑起了"科学文化"的旗帜。这里的科学文化，即是科学的传媒化，是中国当代科学传播的新鲜力量。

（本文作者吴国盛系清华大学科学史系主任；本文首次发表于《中国科学报》2019年5月24日第5版）

"两种文化"一甲子

苗德岁

 1959 年，物理学家出身的著名英国小说家斯诺勋爵在剑桥大学"瑞德讲坛"上，作了以《两种文化与科学革命》为题的著名演讲。此后，他提出的"两种文化"这一概念便广为流传。由这一演讲稿整理出版的《两种文化与科学革命》一书，曾被评为"二战后 100 本最具影响力的思想巨著"之一。

 其实，斯诺的这篇讲稿早在"瑞德讲坛"演讲的三年前就已发表在《新政治家》杂志上，而他对"两种文化"的思考则为时更久。显然，"两种文化"概念的迅速流传，无疑得益于"瑞德讲坛"的盛誉。按照斯诺本人的说法，他所受的训练是科学，而职业则是作家，因此得以游走于科学与人文两界之间；正是这种机缘巧合，使他频繁观察到"两种文化"间的鸿沟日益加深这一现象。

一

 斯诺毕业于剑桥大学基督学院［著名校友包括达尔文、弥尔顿（John Milton）、奥本海默（J. Robert Oppenheimer）等］，曾在物理学鼎盛时期师从剑桥大学物理大师们。毕业后他弃理从文，成为政府官员及出版了 11 本小说的著名作家，并因此而被皇室封爵。《剑桥五重奏：机器能思考吗》虚构了 1949 年发生在剑桥大学的一次晚宴，5 位赴宴者代表了学术界的"一时之选"：小说家兼物理学家斯诺、数学家图灵（Alan Mathison Turing）、语言哲学家维特根斯坦（Ludwig Wittgenstein）、量子物理学家薛定谔（Erwin Schrödinger）及遗传学家霍尔丹。在晚宴上他们围绕着"机器能思考吗"这个话题，展开了热烈的讨论。由此可见，由盛名之下的斯诺来论述科学与人文之间的关系，是再合适不过的了。

在演讲开头，斯诺举了两个颇让人啼笑皆非的例子。一个例子是，剑桥大学校长在为来访的美国政要举行的一次欢迎晚宴上，邀请了几位剑桥大学顶尖教授作陪，席间来宾试图跟他们交谈，结果发现根本无法沟通，弄得来宾十分尴尬。出于礼节，校长悄声安慰来宾说：噢，他们都是数学家，我们从来不搭理他们！另一个例子是，剑桥大学著名数学家哈代（Godfrey Harold Hardy）有一次曾向斯诺抱怨：按照目前"知识分子"一词的用法，他和卢瑟福（Ernest Rutherford）、狄拉克（Paul Adrien Maurice Dirac）等一帮人，统统被排除在知识分子之外啦！（的确，倘若按照罗素的定义，"公知"之外的许多科学家似乎都不能称作知识分子——本文作者注。）

斯诺还分别以物理大师卢瑟福与著名诗人艾略特（Thomas Stearns Eliot）为科学与人文两个领域的代表，阐述他们对各自领域过分自豪，而对另一方充满偏见乃至厌恶。比如，人文学者常常认为，科学家牛哄哄的但却没文化，其人文常识异常贫乏。而在立场上有点儿"偏向"科学家的斯诺却认为，人文学者们对科学的无知，更令人咋舌。他不止一次地考问过人文领域的朋友们：何为热力学第二定律？

他发现被问者往往一脸懵,不知所云。斯诺说,这种问题的科学难度,只相当于问他们是否读过莎士比亚的著作,或者说是问他们是否识文断字。

斯诺还特别举了新近发生的一例:他在剑桥大学的一次晚宴上,兴奋地谈论刚刚荣获诺贝尔物理学奖的杨政宁与李政道,大赞他们的思维之美。谁知却如春风灌牛耳,席间的文艺界朋友们不仅对该理论一无所知,而且也丝毫不感兴趣。

至此,斯诺总结道,令人遗憾和可悲的是,西方大多数聪明的脑袋,对近代科学(尤其是物理学)的迅速进展所了解的程度,并不比他们的新石器时代的祖先高出多少。目前的两种文化,如同两个银河系般遥相分离;20世纪的科学与艺术丝毫未曾融通。相反,科学与人文两个领域的年轻人比30年前的前辈们分道扬镳得更远。那时候,两种文化只是终止了对话,但两者之间至少还保持着起码的尊重;而时下的双方已毫无礼貌可言,代之以"互做鬼脸"。

斯诺的上述分析鞭辟入里,演讲幽默风趣,因而"两种文化"的概念迅速深入人心,甚至变成了人们津津乐道的口头禅。

二

但是,斯诺演讲的后大半部分,随着时间的推移,往往被大家淡忘了。接下来,斯诺试图把两种文化分离的原因主要归结于日益专业化的科学进展,以及随之而来的学校教育的专业分化,使"文艺复兴"时期那种百科全书型学者不复存在。他进而指出,传统知识分子(主要是人文学者)倾向于保守,往往是科学进展的"绊脚石",工业革命时期是这样,科学革命阶段更是如此。

作为受过严格科学训练的作家，斯诺在两种文化之间，明显地"偏向于"科学，他充分肯定工业革命大大提高了人们的生活水平、延长了人们的寿命、缩小了贫富国家之间的差距，预言科学技术进展必定给人类带来更大、更广泛的福祉。

正是这后半部分的讨论，引起了很大的争议（主要是来自部分人文学者的愤懑和指责）。

对于这些批评，斯诺没有采取"兵来将挡，水来土掩"式的即时逐条回复，而是利用次年（1960 年）在哈佛大学"戈德金讲座"的机会，在其一系列演讲中，以《科学与政府》为题，进一步厘清了自己为人忽略、误解或是诟病的一些要点。斯诺的戈德金讲座系列文稿，于 1961 年以《科学与政府》为书名出版。1963 年，斯诺又借《两种文化》一书再版之际，在书中增加了跟原著几乎同等篇幅的第二部分——《再看两种文化》，系统回复了他的批评者。

这些回复内容主要包括三方面。首先，除了"两种文化"的口号式名言表述之外，斯诺强调指出他对这一现象关注的初衷：科学技术在战后英国社会中将要产生的作用与影响，并由此推测未来世界上的一些问题（比如贫困与世界和平等）的解决，或可借助科技进步的力量来实现。一方面，斯诺深信，科学是人类解放与进步的源泉。另一方面，在 1945 年到 1959 年的十多年间，战后历届英国政府对教育体系中科学教育的重要性，似乎逐渐丧失了信心。斯诺对此忧心忡忡。他通过"两种文化"的讨论，批评英国执政者试图让教育回归以人文为中心的传统"精英教育"模式。斯诺认为，"两种文化"之间的鸿沟，导致了英国执政者在制定英国未来发展与繁荣的规划时，忽略了科学技术的核心作用，因为这些执政者大多接受的是人文领域的教育，而对科学极度无知甚至十分抵触。

其次，斯诺以第二次世界大战之末美国政府决定在日本投放两颗原子弹为例，指出其决策者对原子弹的后续危害性知之甚少，只知道原子弹是一种超级炸弹而已。同样，英国政府中制定国民健康政策的一帮人，对医学、生物学及人体健康科学也不甚了解。因此，斯诺指出，诸如此类的科技含量很高的重大国策，却由少数几个"科盲"作出决定，这无疑是"两种文化"割裂所带来的最危险结果。

最后，斯诺强调指出，公众事务领域的重大决策，必须由对其科技含量有足够了解并具备正确判断力的领袖人物来定夺。若想达到这一目标，无疑必须从教育入手。在学校教育中，每个人都要得到科学与人文的双重教育，而不能重此轻彼或顾此失彼。

三

我发现，半个多世纪以来，人们在讨论"两种文化"时，往往忽略了斯诺的初衷，更多的是像威尔逊（Edward Wilson）那样，将其导向哲学层面，而偏离了斯诺原本的意图。比如，威尔逊在其著作《创造的本源》中，把科学与人文的融合，主要聚焦在哲学层面，他指出："科学家和人文学者之间的合作可以造就全新的哲学，引领人类去不断发现。这种哲学融合了两大学术派别中最优秀、最实用的内容。这些人士的努力，将酝酿出第三次启蒙运动。"①

因此，我试图通过本文，提请读者注意斯诺当年的真实用意（值得一提的是，这也解释了为何斯诺的原著最初选择发表在著名政论刊物《新政治家》上）；同时，正是在这种意义上，窃以为：时隔60年，斯诺当年的论述依然具有重大现实意义。

---

① （美）爱德华·威尔逊：《创造的本源》，魏薇译，杭州：浙江人民出版社，2018年。

60 年前斯诺批评的高科技含量的重大国策，仍由少数"科盲"组成的决策层独断专行的现象，即便在英美这样的"民主"发达国家，于今依然没有丝毫改变。比如，时任美国总统特朗普不止一次地公开否认全球气候变暖的科学事实，并于 2017 年 6 月 1 日单方面宣布美国退出《巴黎协定》，全然不顾美国及他国众多环境科学家的强烈反对。在科技含量如此之高的能源政策上，科学家都没有左右的能力，遑论在其他国策的制定与推行过程中接受科学家的指导与监督。

为什么 60 年来"两种文化"的割裂没有明显的愈合迹象？以我所了解的美国国情来看，原因是多方面的。首先，在美国联邦政体"三权分立"的框架下，立法部门（国会参众两院）及执法部门（最高法院）成员，几乎是清一色的人文背景；即便是政府部门，科技官僚也寥寥无几（即便个别部门有些科学家出身的官员，也常常受制于人，并非一言九鼎）。社会上，"科盲"对于谋取政界、商界与文学艺术界的成功，似乎一点儿障碍也没有。在这样的大背景下，重文轻理的现象，自然不难理解。换句话说，中国传统的"劳心者治人，劳力者治于人"观念，换作"人文者治人，科技者治于人"，在现代社会，一般说来，似乎也并非说不过去。

斯诺坚持认为，正如工业化是拯救贫困的唯一希望，人类未来的福祉则取决于科技的进步与发展。因此，以至于有人指责他是"科学乌托邦派"。尽管斯诺对"两种文化"的偏颇似乎各打五十大板，但说到底他的屁股还是坐在科学这一边的。他认为，教育体系中的科学训练一定要加强；人文知识可以在以后的职业生涯中不断学习和加强，而科学训练则需要长期、系统与正规地进行。毕竟科学家后来成为人文学者或文艺家的不乏其人，斯诺本人就是一例；反之，则几乎闻所未闻。

走笔至此，我突然想起斯诺勋爵的学长达尔文。跟斯诺一样，达尔文的身上也只有一种文化，即科学与人文的完美融通。《物种起源》最后一段完全是诗的语言，可又是振聋发聩的科学论断。《物种起源》与《两种文化》的问世，相隔整整一个世纪，均出自剑桥大学基督学院的校友之手。前者已经启迪世界 160 年，后者也已经启迪世界 60 年，它们还继续启迪我们，直至无法预见的未来。我们不得不惊叹：达尔文与斯诺眼中的世界，何等纷繁矛盾，又何等壮丽恢弘……

（本文作者苗德岁系美国堪萨斯大学自然历史博物馆暨生物多样性研究所教授、古生物学家；本文首次发表于《中国科学报》2019 年 5 月 31 日第 5 版）

弥合文理鸿沟需发挥通识教育的作用

关增建

当今社会，科学技术高度发达，由此导致了英国 C. P. 斯诺所称的两种文化之争。

斯诺是一位物理学家、小说家，1959 年 5 月，他在母校剑桥大学作了一个题为《两种文化与科学革命》的著名演讲，演讲中说道："我相信整个西方社会的智力生活已日益分裂为两个极端的集团……一极是文学知识分子，另一极是科学家，特别是最有代表性的物理学家。"嗣后，斯诺又发表了一系列文章，系统阐释了自己的观点。斯诺说的这两类群体，代表了"两种文化"，即"科学文化"和"人文文化"，分别对应自然科学学者和人文社会科学学者。两种文化之争，即今言之科学与人文的分裂。斯诺认为，科学文化和人文文化是难以融合的，由此导致社会发展中一系列困境及人们困惑的问题难以解决。他的这一说法，被人们称为"斯诺命题"。

斯诺提出两种文化的原因是，由于科学技术和社会的迅猛发展，形成了专门从事科学研究的自然科学家和专门从事人文社会科学研究的学者，这两种学者在教育背景、学科训练和所使用的方法及工具等方面存在巨大的差异，这导致他们在文化的基本理念和价值判断上经常处于相互对立的位置，彼此相互鄙视，相互攻讦，由此自然容易导致社会的撕裂。两种文化的存在是必然的，因为文理学科的差异是客观存在的，不同学科思想方法和训练方式的不同也是客观存在的，这就导致了文理学者在思维方式和价值判断上的差异也是客观存在的。

一

斯诺两种文化命题的提出，可以引起人们对该问题的重视，并设法加以弥补，但也不排除因为该命题的提出，引起学者某种程度上的身份认同感，从而无意中加强了对自己学科的归属感，有意无意之中加大了两种文化之间的裂痕。

事实上，斯诺命题的提出，是 60 年前的事，自该命题提出后，社会的文理鸿沟不但没有弥合，反而不断加大，双方愈行愈远。特别是人文社会科学研究中后现代主义的出现，更是加剧了这种分裂。

1996 年 5 月，美国物理学家艾伦·索卡尔为批判后现代主义学者对科学的漠视及对科学理论的客观性的否定，向著名的社会研究杂志《社会文本》提交了一篇题为《超越界限：走向量子引力的超形式的解释学》的诈文。该文被《社会文本》采纳并发表。接着，索卡尔又在《大众语言》杂志发文，揭露了诈文一事，引起知识界极大的震动。索卡尔事件被人们称为"科学大战"，是科学界对后现代理论就科学问题置喙表达不满的产物。

由两种文化命题发展到"科学大战"，标志着科学与人文从最初的彼此漠视，发展到了科学界与后现代主义者彼此敌视的程度，是文理鸿沟不断加大的具体表现。

二

科学与人文分裂的现象，不仅仅存在于西方发达国家，在发展中国家，只要是科学技术实现了建制化发展的地方，都不同程度地存在着。在中国，两种文化间差异的程度与欧美社会相比，不分轩轾。如果对中国近年来一些公众事件，比如转基因食品的应用、核电站的修建、大型水电站的开发等问题上人们的态度做个统计，便不难发现，赞成和反对的双方每一方在学科背景上都具有高度的一致性。科学与人文的分裂，使社会出现了人为的鸿沟，大大增加了社会发展成本，甚至影响到了社会的和谐和安定。

中国作为一个后发国家，两种文化的对立程度为什么不亚于西方科技发达国家？原因无他，除了科技发展建制化必然会带来的人文学者与理工学者在思想方法和价值判断方面的分歧，中国的教育制度也在其中扮演了重要角色。在新中国成立初期，我们接受的高等教育继承的是欧美传统，大学多为综合性院校的校园氛围，对于弥补大学生因文理分科导致的知识结构欠缺，多少可以有所裨益。20 世纪 50 年代以后，我们有段时间"以俄为师"，对高等学校学科布局作了大幅度的调整，大学从综合性院校变成了专科大学，这给弥合文理分裂现象带来了难度。很长一段时间以来，"学好数理化，走遍天下都不怕"口号的流行，既说明了数理化基础学科的重要性，但某种程度上也反映了在文理分科背景下，理工科学者对人文学科的睥睨。

"文化大革命"结束后，我国高等院校迎来了新一轮布局调整，很多原来以理工科为主的大学纷纷发展成综合性大学，一时间成为中国高校发展的新潮流。但这种调整，大多是出于提升学校档次的目的，是为了学校发展而不是着眼于对学生的培养需求，因而并未有效消除文理分裂现象。

　　此外，从中学开始的文理分科，则进一步加剧了未来学者的文理分裂。

三

　　文理分裂的根本原因在于相关学者知识结构的不完善。要改善这一状况，需要着眼于未来，从现在的青年学生着手，完善他们的知识结构。要达到这样的目的，最好的途径是大学教育。遗憾的是，过去我们的大学强调的是专业教育，希望培养的是各行业的行家里手；后来，教育主管部门意识到单一专业教育的不足，开始提倡素质教育；再后来，一些大学开始把国外的通识教育引进国内，我们的教育逐渐开始重视如何对受教育者进行全面培养这一问题。

　　通识教育的本质是要培养能够面对时代挑战、具有健全知识结构、负责任地助益社会发展的公民。这与人们期待的弥合文理鸿沟的愿望是一致的。要使学生具有健全的知识结构，首先就要在课程体系设计上下功夫。在美国，哈佛大学致力于通识教育多年，其通识教育模式受到世界多数大学的赞赏。该校将本科学生课程体系分成三大块，分别是专业课程、通识课程和选修课程。专业课程当然是要培养学生所应具有的专业知识，这是任何教育家都认可的。专业课程占比不超过总课程量的一半。选修课程是为了满足学生个性化发展的需求，同时也是为了培养学生的选择能力和对自己的选择负责任的素质，这部分课程量占总课程量的四分之一。通识教育课程则是精心设计的为满足学生具有健全知识结构所必需的那些课程，占总课程量的四分之一。《哈佛大学通识教育的改革与理念创新：通识教育特别工作组报告》（Reform and Concept Innovation of Harvard General Education：Report of the Task Force on General Education）中将学生必须具备的基本素质分成八个向度，要求学生在每个向度至少修习一门课程。这八个向度分别是：审美与诠释性理解、文化与信仰、经验与数学推理、伦理推理、生命系统科学、物理宇宙科学、世界诸社会、世界中的美国。每个向度又包含若干门课程，其中每门课程都需要满足该向度的要求。显然，这样八个向度的课程学习下来，学生的知识结构应该是比较健全的，在文理分裂的今天，他们应该会对弥补文理鸿沟作出自己的贡献。

哈佛大学通识教育课程体系是在美国的社会环境中、在哈佛大学的传统下设计出来的，能够满足哈佛大学的教育目标，满足美国社会发展对人才素质的要求。中美社会环境不同，教育目标也不完全一样，但在弥合文理鸿沟、促成社会健康发展方面，彼此的期望是一致的。他山之石，可以攻玉，我们应该参考国外通识教育的先进理念，结合中国国情和中国大学教育的实际，设计我们的通识教育，使我们的大学教育培养的新一代的大学生，能够成为弥合中国社会文理鸿沟的生力军，通过他们的努力，我们的社会能够更和谐、更健康地发展。

（本文作者关增建系上海交通大学人文学院教授；本文首次发表于《中国科学报》2019 年 6 月 14 日第 5 版）

"两种文化"之争早已过时

胡翌霖

1959 年英国斯诺在演讲中提出"两种文化"这一命题，引发了激烈讨论。直到 60 年后的今天，这一话题仍在延续，似乎尚未过时。

但我要提出一个看起来格格不入的主张：两种文化之争早已过时，现在还去纠结于斯诺发起的这个话题，已经没有多大意义了。

首先，我们回到当时的语境，看看斯诺到底提出的是哪两种文化的分裂。

现在很多人谈论"两种文化"，动不动就是"科学与人文"的对立。这种对立其实莫名其妙。"科学文化"还好理解，但"人文文化"是什么东西？"人文"在中文《辞海》中的意思是"各种文化现象"，在西方语境中，只有人文学科（humanities）而没有"人文文化"这一词组，人文学科的意思是对人类文化（human culture）的学术研究。

这么看来，人文就是文化，"人文文化"是同义反复，所谓科学与人文之争就变成了"科学文化"与"文化"本身相论争。细究起来，概念上是说不通的。

至于说把论题转化为所谓科学精神对人文精神、理科思维对文科思维等，暂时不在我讨论范围之内。我们还是先把"两种文化"讲清楚。

其实斯诺本人说得很清楚,他指的是"文学知识分子"(literary intellectuals)和科学家(scientists)之间的分裂。这是两个明确的文化(或者说亚文化)群体,是两类由学科建制和身份认同分割开来的群体。

在演讲中,斯诺的矛头更多指向文学知识分子,认为他们试图霸占"知识分子"的身份,因为科学家读书少而鄙视科学家。斯诺反问文学家们懂不懂热力学第二定律,结果鸦雀无声。斯诺认为,懂不懂热力学第二定律,应该与读没读过莎士比亚的著作一样(英国人读莎士比亚的著作大概等同于中国人读中国古典长篇小说四大名著),是一种很起码的文化素养。然而文学知识分子一方面嫌弃科学家读书少,另一方面又不以自己缺乏科学素养为耻,这就造成了两群人相互看不起。

斯诺谈的这个问题,如果说得狭隘一点,无非是所谓的"文人相轻"。在文化精英中间,总是存在互相吹捧和互相鄙视的现象,只是在不同时代会有不同的对立派别,比如有儒家和佛家互相鄙视,有古文派和今文派互相鄙视,在 20 世纪中叶的英国精英知识分子中,恰好体现为文学家与科学家互相鄙视。

当然,斯诺把这个特定精英群体之间相轻相鄙的问题上升到了事关人类命运的高度。这也与西方人对"知识分子"的社会责任的理解密切相关。斯诺注意到,许多人认为科学家面对现实的态度过于乐观,因此失之轻率,斯诺替科学家们辩解说——事实上科学家更加关注社会的困境,但在困境面前科学家并不会陷入自怨自艾的感伤,而是务实地寻求解决办法。因为他们总是去试探可行的方案,因而被误认为盲目乐观。相反,许多文学家反而缺少社会责任,比如斯诺提到文学家们[包括叶芝(William Butler Yeats)之类的大家]对野蛮而过时的金雀花王朝有许多浪漫而美化的描写,因而会误导人们的价值取向。

那么，在 60 年之后，这一问题仍然存在吗？科学家和文学知识分子对人类命运的承担仍然存在严重的分歧吗？

当然，"文人相轻"的现象仍然存在，而随着进一步的专业分化，现在精英知识分子中间的"鄙视链"变得更加多元，不只是科学家和文学家相互鄙视的问题了，物理学和心理学之间，自然科学和社会科学之间，古典文学和现代文学之间，欧陆哲学和英美哲学之间，到处都存在语言不通、互相轻鄙的现象，这远远不是"两种文化"所能概括的了。

然而，在今天，更值得关注的不是以上这些精英知识分子内部的分裂现象，而是一个更大尺度上的"两种文化"的新对立。这就是整个"精英文化"与"大众文化"的撕裂。

按斯诺的说法，割裂发生于"两门科目，两个学科，两种文化，或者我们说的两群英杰（galaxies）"①之间。但在今天，所谓"出色的人物"（精英）整个地与普通人（大众）相割裂了。

在 19 世纪上半叶，随着报纸和广播等大众传媒的流行，大众文化的崛起已初露端倪，但总体来说，至少在斯诺这样的知识精英看来，人类的命运还是取决于少部分的闪耀的英杰。

在传统上，闪耀者，群英（galaxies）或明星（stars），指的都是最出色的文化精英，是最杰出的知识分子。这些"明星"承担着社会的责任，指引着人类的未来，因此在这一小撮精英之间出现的分裂，是一个严肃的、事关人类命运的大问题。所谓"两种文化"之争，实质上是"话语权"之争。

但是，随着 20 世纪后半叶好莱坞电影的繁荣和彩色电视的普及，

---

① C. P. Snow，*The Two Cultures and the Scientific Revolution*，Cambridge：Cambridge University Press，1959，p. 16.

以及 21 世纪初兴起的社交网络，大众媒介充分展现了革命性的力量，整个颠覆了大众文化和精英文化的关系。

大众文化不再需要知识精英的引导，精英文化成了无人问津的小众文化，知识精英躲在象牙塔里争名夺利，但大众却根本不在乎，最有名的科学家的粉丝量也比不上一个流量明星的零头。

对于今天的大众而言，"明星"早已拥有了崭新的含义，人们追逐着电影明星、电视明星、体育明星，再广义一点，乔布斯、马云之类的商界领袖也可以称作"明星"。但要是哪个科研工作者还想把自己归入"明星"行列，恐怕要让人笑掉大牙了。

在大众文化的视野下，专家、公知（知识分子）都变成了贬义词，低俗文化被堂而皇之地宣扬，而"精英"一词反倒成了禁忌。

在这种境况之下，这些早已边缘化的知识精英，还要喋喋不休地纠结于科学与文学之争，就好比在冷宫里还要搞宫斗，是一件讽刺且悲哀的事情。

因此，我认为斯诺版的两种文化之争，在当今时代早已过时了。我们当下面临的最重要的文化分裂，乃是精英文化和大众文化的分裂，是知识精英和普通大众之间互不理解、互相轻鄙的窘境。

（本文作者胡翌霖系清华大学科学史系副教授；本文首次发表于《中国科学报》2009 年 6 月 28 日第 5 版）

科技创新与智力军备竞赛谈判

刘华杰

两种文化的讨论，从斯诺的著名演讲算起到现在，即从 1959 年到 2019 年，正好一甲子。60 年，对于人类历史而言，不算短也不算长。大约两代半的时光，足够人们想很多事、做许多事。但是要让我们在这样的时段内长记性，深刻总结经验教训，时间恐怕还不够。

斯诺讲的两种文化的矛盾，在 1959 年时已经比较明显，在那之前就已经有所表现。此矛盾是诸多现象的反映，代表着长久以来不同文化传统之间的差异和冲突。抽象出两种文化，只是一种简化的手法，未必只是"两种"，但这两种文化在逻辑上对比明显，比较容易发挥。之后又有人谈"第三种文化"等，实际上其中的两种、三种都不是定数。

自伽利略（Galileo Galilei）、笛卡儿（René Descartes）以来的近现代社会中，一种新的描写自然、解说自然、操纵自然、改造人类的理论和方法出现了，横扫一切，所向披靡，取得了人类认知的正统地位。后人把这种趋势简单地称为科学推进。在非常宏观的层面上看，近现代与中世纪有什么差别？差别就在于，科学取代了基督教，而且是全方位的取代。这里面有诸多简化的说法，必须交代一下。这里的科学并不是指全部科学，而只是指其中占主导地位的自然科学和数学方法；所涉及的人群范围、地理，也并不是真正的全部人口和全球，但涉及了绝大部分。相关的近代诸多变化中，科学扮演的角色越来越突出，于是在两种文化或多种文化中，角色是不对称的，科学文化一枝独秀。

科学文化一枝独秀，并非如普通百姓直接观察到的谁在风光、红火，而是知识分子、企业家、政治家从思想史、文化史的思考中辨识出来的。百姓无法直接看出科技，他们看到的是表象，比如明星的表演、声光电的热闹；对于文化的冲突，他们追踪不到其中的科学成分。科学技术事物，对于大众来说只是诸多界面不够友好、自己无法切入并表现自己的事物之一。

这有什么奇怪的？百姓不是专家，当然不了解科学内容、地位及对日常生活的渗入。但是，这恰是问题的麻烦之处。两种文化或多种文化中，科学已经"分形地"（fractally）浸入社会的方方面面——教学、建筑、交通、媒介、食品、健康及日常生活的其他方面。斯诺当初抱怨的现象，是有了改进还是更加恶化？斯诺考虑的两个对话代表科学家和人文学者，在这一甲子中，都已更多地使用科技；纳税人对科技创新的主动或被动支出达到了空前的程度；而人文领域在此期间并没有得到等比例的资金和舆论支持，对此科学家还有什么不满足的？实际上，多数科学家依然不满足，甚至比 1959 年时更加不满足！他们觉得人文学者依然不够了解科学，不够支持科学，觉得整个社会的科学化程度还差得远，甚至局部有倒退；在他们眼中，民众愚昧无知。

从局外人的角度观察，科学在这 60 年中也有许多新变化。首先是基础理论、基本原理没有太大的变革，但其他方面进展迅速。在我们这个时代，通常说的科学是指科技，科学与科技在我们这个时代没有根本差异，两者深度结合。为了描述这种现象，科学社会学家造了一个不太流行的词——"技科"（technoscience）。实际上中国人的习惯叫法"科技"反而更加准确。这些容易理解，重大科学定律的推出带有相当的不可预见性，一个甲子可能太短了，不足以说明什么。但是，就是这样，科学在原有的原理所开拓的方向和应用方面迅速推进，无孔不入，也可以说成绩斐然。这足以表明基础科学成就持久有效、后劲十足，科学上的发现、发明一旦做出，就是不可逆的，而人类和其他动物、植物、菌类及无机界，都要被迫面对人类的科技创新。

此创新深刻地影响到了他们或它们。影响到什么程度？远比人们想象得要厉害，以至地质学家提出"人类世"（Anthropocene）的概念，继续如此，地球盖娅系统承受不了。

生态环境问题，主要就是由于科技的发展牵引的，从演化论角度看它是差异演化的结果，即人的演化与周围环境的演化不同步、双方感觉越来越不适应。并非所有打着科技旗号的创新都是应当推崇的，不幸的是，目前大部分创新"机心"太重。依靠科技保护和治理环境，目前只是小打小闹，宏观上可以忽略不计。现象学家米歇尔·亨利（Michel Henry）说科技"野蛮"，在人文学者看来有一定道理，而科学界恐怕很难接受。

有了问题，科学界并未感觉到有什么不对劲，反而激发了斗志，因为问题对于科学从来不是问题，反而是进一步加速发展的理由、动力。其他领域，也多少沾染了这类自我打气的精神胜利法，但远不如科学界。"不知止"，在人文学者看来是有问题的，当然只是一小部分，因为大部分人文学者也不知不觉被科学化了，虽然在对方看来科学化得还不够。

圣雄甘地说过一句话：There is more to life than increasing its speed.

最早我是在伦敦地铁上看到的。我想，甘地说得非常有道理，这句话就充分表现了两种文化在今日的张力。简单、平和的用词，却表现出了对某种趋势的不认同，人为何要如此折腾？更快更高更强，究竟是为了什么？显然不是如我们的祖先那样为了获得食物和安全而锻炼自己，让自己强壮、跑得快，从而能活下去、生活得好一点。我们今日追求那些竞技指标已经脱离了原始的自然背景，成为一种为了指标本身而给自己不断加码的新型游戏（game），一部分人在此游戏中获得快感或者剩余快感（参照"剩余价值"而言）。

不知"止"，也就可能不知"耻"。有些人行恶，不以为耻，反以为荣。加速生态系统崩溃，当然是行恶。止，是动态的平衡，不是指固定不变。部分人文学者呼吁的不是彻底停下来不动，实际上也不应该停下来，而是适当减速。慢下脚步，才能做到动态平衡。就如开车一样，赶上路况不明，首先要减速，而不是继续踩油门。追求平衡，是一种正当要求，而非过分的诉求。然而，现代性的逻辑与这种寻求平衡的正当要求矛盾，科技与现代性为伍，提供了现代性的基本价值观，人们理所当然要反思。

武器、计算机、手机快速升级，后两者几乎是近60年中，特别是最近30年中特有的现象。但以科技为基础的快速升级，绝不是现代性社会中可以简单避免的事情，因为不对称的两种文化中独大的一方坚决不同意。关于科技，人们常常有诸多逻辑上不相容的叙述框架，一方面说它客观之至，另一方面说它主观之至。实际上，科技是人的科技，没有人，特别是没有其中的一部分人，就不会有诸多竞赛、冲动、兴奋。

智力军备竞赛好不好？人们的看法很不同。科学主义者认为比较好，觉得还应当加速。部分人文学者则认为不够好，因为它持续打破平衡，让人们疲于奔命。这些人文学者反智、非理性吗？恐怕不是，智力、理性这些概念并不能总在小尺度"算计"上使用。

观念不同怎么办？

我认为有些事情可以通过谈判部分解决、暂时解决或推迟激烈爆发，就像面对核军备竞赛，人们可以坐下来谈判一样。世上本无核武器，是人造出了它们。核军备竞赛充满了智力，也有快感，但毕竟不是闹着玩儿的，玩到一定程度大家都感觉有必要缓和一下。谈，不等于一次就谈成了；谈成了，也不等于不会撕毁协议，还要反复谈。对于核以外的"致毁性"不是很强的其他智力竞赛，也要谈，谈的难度更大。

谈，协调以及对此加以评判的主角是谁？科学家还是人文学者？通常他们都没有资格，他们都只能在背后为谈判提供若干论据、数据、理论。研发新型民主和谈判理论，对人这种动物来说，可能是现实需求。

文化冲突的缓和，不仅仅涉及知识问题，还涉及好的全球民主手法。这便是斯诺演讲让我们思考的事情。

（本文作者刘华杰系北京大学哲学系教授；本文首次发表于《中国科学报》2019 年 7 月 12 日第 5 版）

让科学的归科学，人文的归人文

张亚辉

　　斯诺反复强调，科学是一种人类学意义上的文化，甚至举出了特罗布里恩群岛（Trobriand Islands）①这样全世界都十分陌生的地名来说明自己的意思，他当然是对的。就像中南美洲的甘蔗种植园最终通过糖塑造了西方无产阶级的文化一样，科学是一种现代社会独有的认识和描述世界的手段。它的起源仍旧隐藏在现代社会开端的迷雾当中，但毫无疑问，科学已经成为和糖一样的塑造现代文化最强有力的因素之一。而且斯诺也发现，那个时代大部分的科学家都带有左翼思想，且出身低微，也就是来自靠糖过日子的阶层，这不是一个毫无意义的巧合。

　　不太夸张地说，斯诺对人文学不接受科学作为一种现代文化颇多微词，他长篇大论的核心意旨即在于说明，人文学应接受并理解科学的意义，承认科学的力量，否则就会成为现代世界的一个消极力量。唯有科学才能解决现代世界最棘手的问题，即富国与穷国的差异带来的普遍危机。这种充满功利主义的想法虽然让人觉得不那么优美，却非常有力量。相比之下，人们更加津津乐道的核危机，以及科学发展

---

　　① 南太平洋中的一个群岛，位于斐济和澳大利亚之间。

带来的种种可预测和不可预测的问题，在斯诺看来没什么像样的价值。斯诺的演讲像极了一个对由科学所主导的黄金时代的神话学宣言，在这个黄金时代里，高效率运转的官僚制度和高度发达的科学主导了一切，而要达到这样一种科学主义的乌托邦，科学家首先要成为人文学者积极描述的人格样板。

不论科学如何在近代历史中发生并获得了支配地位，不可否认的是，它都是西欧特有的一种文化，而在两种文化的另一端，人文思想却几乎是世界性的。所以斯诺所描述的两种文化的张力，并非人类的普遍状况，即便在欧洲也是一个非常晚近才发生的问题。笔者在学习物理学的时候，导师是核物理专家，但他同时也教授一门中国文化通论课，虽然这样极端的例子不多，但在西方之外的地方，这也不算什么新鲜事。不论是斯诺还是韦伯，都将教养与教育的关系区分得过于清晰了，如其所是地认识世界和过一种反思的生活之间并不必然存在那么大的鸿沟。斯诺所说的两种文化之间的矛盾与分歧，与其说是知识形态带来的，不如说是作为一个高级官员在国家运行方面遭遇的困境，或者说是一种彻底而理想的官僚制对于志向不得伸展的愤懑的表达。

在我看来，人文知识分子不懂科学并不是什么太致命的问题，当然如果反科学就另当别论；一个物理学家也未必要懂四书五经，这就像一个祭司未必要同时是一个好会计一样，反之亦然。两者之所以会显得有点格格不入，是因为他们在争夺某种不可替代的东西。这对斯诺来说，无疑是控制官僚制度的主导精神价值。科学高度发展的现代世界当然有能力生产更多的食物，但在整个20世纪，世界的不均衡并没有真正得到缓解，斯诺已经注意到了人口问题和民族-国家彼此之间壁垒的提高带来的问题，而更加严重的问题是，也许就是因为生产太过成功和高效了，这个世界某些人剥夺另外一些人的能力提高了，民族-国家之间的壁垒带来的问题也似乎远比斯诺推测的更加严重。这些问题也许确实有一部分原因来自我们还过得不够科学。可是，如果我们终究就是这样一个无法彻底科学化的物种，也许对现代人的正确审视和反思才是科学与人文应该携手努力的方向。

在人的培养方面，斯诺对于高度专业化的教育持鲜明的批判态度，甚至强烈主张现代教育应该让人在年轻时多接受科学教育。这一点我是同意的，也亲身经历过，但这丝毫不意味着人文知识是一种更加容易掌握的、不那么困难的知识种类，其间曲折一言难尽。一个发育成熟的社会，人文与科学都不必急着为自己辩护，更不必为了追求斯诺所主张的两种文化的对话而在教育方面刻意追求跨学科。多学科联合进行学术研究，在达尔文时代就已经出现了，这是现代学术思想发展的必然产物。在教育阶段过度强调跨学科，往往培养出来的并非想象中的通才。

人类社会的每一种形态都不是完美的，我们也注定不可能变得完美。每个社会都有某种程度的"精神分裂症"，人文与科学的张力，甚至可能还不是现代社会精神分裂最严重和激烈的形式。正视这种张力，并努力理解它带来的问题，远比在两极之间进行决绝的选择要谨慎得多。一个专注于生产的社会和一个专注于宗教或者武力的社会一样，都是漏洞百出的。科学已经取得了不朽的成绩，就像巫术曾经也取得了不朽的成绩一样，现代人要做的，是更加彻底地理解自己的历史处境和在自然中的位置，而不是把自己当作最成功的人类，我们给自己带来的麻烦还少吗？最近有人宣称人类纪已经到来，这似乎不是什么值得光荣的事，最多不过是表示我们的贪婪有点过头了。斯诺在讨论科学与人文之关系的时候，有着不可动摇的国家主义立场，这个立场是坚不可摧的吗？或者说，如果这个立场没有这么坚定，他所讨论的问题是否就有更多出路了呢？科学的使命不只是要喂饱那些穷国的平民，还要理解他们对世界的想象，给他们发出声音的机会，让他们在自己的意义上获得体面和尊严，这才是现代人面对古人应该去争取并真正能够获得的尊严。科学与人文善意的对话与合作不是体现为在咖啡馆里能对面而坐，亲切交谈，而是面对一个只有生产者的混乱世界，要各自承担自己的使命。现代人就是这样的"精神分裂症"患者，也许理想的状态是在相互理解的前提下，人文的归人文，科学的归科学，如果暂时做不到或者永远做不到，也不必焦虑——斯诺抱怨在第二次世界大战时期英国政府的决策机制不够科学，好在德国也差不多是一样的。

（本文作者张亚辉系厦门大学人类学与民族学系教授；本文首次发表于 2019 年 7 月 19 日第 5 版）

何必要消除不同文化的争论

刘永谋

60 年前，在"两种文化"的题目之下，斯诺指出，西方社会的知识分子分裂为相互隔阂甚至敌视的两个集团，一极是人文知识分子，另一极是科学家，尤其是物理学家。

实际上，当代智识领域的分化还不止于此。文化分裂的原点是知识分化，60 年来，不同自然学科尤其是理科与工科之间的分化、文史哲与社会科学之间的分化，也越来越明显。而在大学——现代知识体系之外，其他智识传统（如僧侣-神学传统、作者-文艺传统、记者-新闻传统）及地方性知识，要求话语权的呼声越来越高，批评大学知识保守的声音越来越大。

斯诺假定，曾经有过一个所有知识和谐的时期。这不是事实。在人类的智识领域，从未出现过"大一统"。即使中世纪神学唯我独尊，各种劳作的工匠知识，以及以"七艺"为中心的希腊式智识传统，一直都存在和发展着。仅就现代自然科学传统而言，牛顿力学大兴之后，各门自然科学纷纷尝试向物理学靠拢，但从未达到严格意义上的知识一统。

20 世纪二三十年代兴起的维也纳学派发起过"统一科学运动"，但

60 年代之后就基本偃旗息鼓了。而且，运动的"旗手"如纽拉特（Otto Neurath）、卡尔纳普（Rudolf Carnap）等人，并不认为其他科学可以改造为物理学分支，而是主张学习和使用类似的物理语言。20 世纪下半叶以来，生物学、信息科学、环境科学、系统论与复杂科学及社会科学等强势崛起，新兴学科不再争相向物理学靠拢，而是要走自己的新路，科学版图因而发生了重大改变，所谓的"物理学帝国主义"崩溃。

知识分化是知识进化的必然过程，本身就是人类智识进步和社会分工的重要表征。但是，现时代显然步入了某种意义上知识冗余的时代。这是现代西方知识生产逻辑的必然结果，尤其是分科逻辑四处传播的结果，而这一过程距离哥白尼（Nicolaus Copernicus）的《天体运行论》出现不过 400 多年。

作为人类辅助生存或者指导生存的进化产物，知识的力量拐点正在到来，也就是说，知识带来的麻烦和产生的好处正进入相持阶段。此一相持导致更严重的知识冗余，平白增加了诸多解决知识冗余、应对知识问题的所谓新知识，可称之为"知识银屑病"。

我以为，知识生产于今有三种主流模式，即博学、实学和科学。它们源自西方知识生产的古代与现代转换之际，然后传播到世界各地，与非西方文化传统碰撞、结合和倾轧。

所谓博学，就是显示你知道得多，知人所不知，标志性的东西是密藏的文本（包括古代数学）、不外传的家学、冷僻的边角料。一句话，多即好。博学是古代遗风，尤其是神学博学家的遗风，后来成为所谓大学（university）的主流。哲学史、古典学研究就是典型博学。孔乙己问，你知道回字有几种写法吗？在今日所谓人文知识之中，此风犹在，大学中的文科教授多有此好。实际上，从基尔特（Guild）开始的大学历来就是智识上的保守继承势力。西方最早的大学就是世俗化的神学院，长期借力教会以谋求生存。《巴黎圣母院》里可恶的教士克洛德就是博学人物的化身，他最大的特点和癖好就是钻书堆。粗略地说，博学的要点是建立鸽笼秩序，方法是分类和分级。

所谓实学，就是诉诸知识造福人类福祉的辩护，将生活智慧、实践智慧和实用理性结合为某种学问。在古今更迭之际，欧洲出现了人文主义者（humanists）。今天的人们总忘记他们的真实形象，以为他们应该是像今日之公共知识分子一般的存在。实际上，人文主义者多数干着城市官员、公证人、包税人和法官的营生，有时候兼着贵族的家庭教师，乃是欧洲早期城市化过程中的城市管理者，依附于他们的庇护者。中世纪晚期兴起的欧洲城市，不依农村的暴力分封模式来治理，尤其因为城市治理的复杂性及金钱而非实物的运转逻辑，就需要坚持实用理性的专门人员来帮助领主保障城市的运转。没有中国式统一国家文官制度，彼时欧洲的文官们实际是领主的附庸，人文主义者乃是其中一些以实用知识赞颂城市及其赞助者的智识者。他们的学问乃是治世之学，遗风在今天的社会科学尤其是与钱有关的学问中独树一帜。因此，实学的要点是操作。

科学不用多解释。要特别指出的是，科学诞生的实验基础并不来自大学和人文主义者，因为他们共有对实操的鄙视。实验传统乃是承自工匠——因此可以说现代科学有某种技术起源——包括今天的艺术家，彼时与工匠并不分家，典型比如著名的达·芬奇，还包括今天的工程师，那时是效力于战争机器的工匠。在工匠的顶层，出现了对逻辑学、数学等原不为他们所拥有的所谓纯粹知识的倾慕，推动了现代实验传统的产生，因为彼时顶级工匠存在着跻身上流社会、与教授和官员阶层交流及融合的渠道。因此，现代科学兴起时的价值辩护主要是实用而不是真理，科学真理之说乃是后来兴起的修辞术。历史经验表明：以纯粹真理为名，难以走向真实的世界，而很可能成长为故纸堆中的钻研，譬如乾嘉汉学。

今日之学问，无疑是科学独大。尤其是搜索引擎和大数据出现之后，博学必然式微。实学主动向科学靠拢，是为社会科学自然科学化，因为实践智慧、传统习俗和人生经验总结，在不断快速变化的社会中越来越靠不住。博学、实学地位降低，老人的权威渐渐比不上书本、数据、实验，古老的事物不再如以往那么神圣而不容置疑。当然，这并不是需要叹惋的事情，知识灭绝在几千年的人类知识史上并不是第一次发生，大规模的巫术神话知识、野外生存战斗博物知识、游吟诗人知识及因封闭而传承的诸多地方性知识，都曾大规模地灭绝，但进化的知识依然很好地完成了它的任务。

然而，知识分化导致生产和传播不同知识的人之间不友好的态度，这不是知识本性使然，而是人类本性使然。不同知识之间的斗争本质上是不同人群之间的竞争。以真理和知识为名的相互攻讦和蔑视，背后是不同知识分子集团的权力诉求。一部人类智识发展史，同时也是以智识为生的人群命运跌宕起伏的历史。在科学时代，科学家拥有最大的知识权力，令人羡慕和遭人嫉恨是难免的。随着知识社会的到来，科学家越来越多，知识分子越来越多，教授越来越多，竞争越来越激烈，更容易出现对抗的情绪。

重点不在于科学家是否应该容忍其他智识分子的羡嫉，或者是否应该慷慨地分一些资源给他们，而在于：分裂和分化并不是完全负面的，也不可能完全消除，而且科学家一枝独秀既不是从来如此，也不会一直持续下去。

更深刻的问题是，为什么要消除不同文化的争论？从某种意义上说,文化本质上就是多样性和异质性的争论,这并不一定会影响社会和谐。文化的多元化是世界潮流。

无论如何,如果智识导致狭隘和傲慢,这与人类追求知识的目标是根本相悖的。提倡文理交融和通才教育,不能改变知识生产的分化规律,但是可以缓解狭隘和傲慢,让生活于真实世界之人具备健全的常识。如果钟情于知识新的综合,更看好横断科学或问题学式的跨学科整合,而不是过于张扬博学之旗帜,因为科学是也应该是大学教育的基本面。

（本文作者刘永谋系中国人民大学吴玉章讲席教授;本文首次发表于《中国科学报》2019 年 7 月 26 日第 5 版）

架两座桥梁，通两座大山

林凤生

英国学者斯诺提出"两种文化"的说法，不觉 60 年过去了，今天大家还要讨论它，说明这个问题是有意义的，而且有相当大的现实意义。

事实上，随着科学文化的发展，学科之间的隔阂越来越深也是一种必然趋势。所谓"隔行如隔山"，即使是对于同一专业的专家来说，想要理解本专业其他分支的内容也是相当困难的，所以学科与学科之间、文化与文化之间的分裂现象，应该说是科学、文化发展到某一阶段的必然趋势。笔者理解沟通两种文化的命题，实际上是在提倡通识教育，也就是说，学习自然科学的要了解一点人文学科；同样，搞人文学科的也应该了解一点自然科学，至少能够有一点兴趣，不至于把对方视作畏途，甚至反感。

由两种文化分裂现象造成的种种弊端，在近几十年里已被教育界、学术界所深切感知，特别是基础教育产生的畸形状态，也为大家所担心。那么，如何来弥补这种缺陷呢？笔者以为可以从以下三个切实可行的方面入手。

第一，对于广大中小学生来说，切忌拔苗助长，在起跑线上人为地打造偏科生。我非常拥护 2019 年发布的《中共中央 国务院关于深化教育教学改革全面提高义务教育质量的意见》。该意见严格规定了课程教材和大纲内容，控制各种非正规教育机构的野蛮生长。我想，随着这个意见的落实，多年来困惑广大学校行政管理人员、教师、家长的难题，有望得到逐步解决，而德、智、体、美、劳全面发展的莘莘学子也将成为新一代学生的主流。

第二，对于现在在校的青年大学生、研究生来说，应该在本专业学习之外，接受通识教育。我曾经应华东师范大学光华书院的邀请，为理科系的新生做科学与艺术的讲座，会后交流时发现他们很想了解相关内容。我也发现许多来自贫困地区的学生在这方面的知识缺陷更加明显，有机会补补课是很有必要的。

如果有机会，应该让学生跨学科学一门另一种文化的课程。理科生可以学一门文科类的知识，如学一件乐器、诗歌欣赏、素描等，而文科生也可以学一点计算机、医学知识等。我本人体会，因为小时候学习过绘画，所以能够以点带面，对于文科的相关内容不陌生，有时也会产生兴趣，这在潜移默化中对笔者后来的人生和工作帮助不小。

第三，按照斯诺的说法，如果用两座山来表示两种不同的文化，两座山中间有一条巨大的鸿沟。那么，这一条鸿沟应该是有些地方比较窄，有些地方比较宽。笔者认为，在两处最接近的地方，可以建构起两座桥梁，那就是"图像"和"美学"。

先说图像。在自然科学的许多学科里，图像是不可或缺的，其中有与写实绘画非常接近的示意图，由于其在图中赋予了科学知识的内涵，所以与绘画里的写生、素描并不一样。一位著名的医生曾告诉我，外科医生手术之后，在写手术记录的时候，除了文字，还要画一幅示意图。显然这样做是很有必要的。此外，在自然科学里常常使用表示各种数量关系的函数图像、各种空间关系的几何图像，以及集中各种思想要素的科学模型图像等，这些图像对于从理性角度来思考问题是必不可少的，是相对于数学公式、定律和定理的一种补充。另外，对于图像本身来说，自然科学也建立了一套研究工具，如物理学里常用的"场论"。它用梯度、旋度和散度来描述空间里每个点上的物理量的状态，还可以用力线、等势面等形象地描述物理量的空间分布，还可以用数学方程来表示它们。

对于人文学科来说，图像的使用也非常广泛，不仅绘画、戏剧、影视、摄影和其他造型艺术等都离不开图像，对于这一类图像来说，其也有专门的研究理论——格式塔心理学就是专门研究图像的运动、平衡、稳定与和谐的理论。

事实上，科学与人文在图像方面的交流可以追溯到斯诺的命题之前。早在 20 世纪初，现代绘画流派风起云涌的时候，除了荷兰画家埃舍尔（Maurits Cornelis Escher）喜欢从科学知识里汲取图像元素外，超现实主义画家达利（Salvador Dalí）等也经常采用神经科学里的"双歧图"①来构思光怪陆离的神奇画面。

有趣的是，近些年来科学家们也纷纷拿出自己工作中接触的科学图像，以展示其中的美学特征。美国宾夕法尼亚大学的神经科学博士后格雷格·邓恩（Greg Dunn）就用画笔在画布上表现大脑的神经结构，以艺术和美学的方法展现脑神经网络的结构美。

事实上，随着信息技术的发展，各种图像的重构与整合已经成为一种时尚。不难设想，如果建立一个交流美学的平台，那么各个相关学科都会有话可说，必定会碰撞出许多火花来。

另外一座桥梁就是"美学"。

---

① 也称为双关图或歧义图，是一种在视觉上产生两种或多种不同解读的图像。

学自然科学的人当然能够切身感受到自然科学的理论、定律和公式有着无与伦比的美: 对称之美、和谐之美、浓缩之美。爱因斯坦称它们为"大美",而把艺术人文里那种能够愉悦人心之美称为形式之美,系"小美"也,"让裁缝和鞋匠去关心美吧! 真理才是我们探求的目的"。

然而,科学史和艺术史的研究都告诉我们,无论在科学上还是艺术上,在创新突破的关键时刻,美学常常起到了助力的作用。举一个例子,人类早期提出的天体运行模型都是以圆为轨道的,其主要原因就是圆具有简单、对称、和谐的美学特征。

近几十年来,"美学"这个平台非常热闹,随着脑科学和神经科学的发展,许多仪器设备已经能够检测到大脑的活动。神经科学家已经能检测到当一个人在观赏绘画、聆听音乐的时候,大脑相关部分的积极活动,也能够记录大脑奖赏机制的工作状态: 释放出让人愉悦的大脑化学物质,如多巴胺、血清素和催产素,触发快感和积极情绪的感觉。

伦敦大学学院著名神经科学家泽基(Semir Zeki)等提出了"神经美学"的理论。在加利福尼亚大学圣迭戈分校,神经科学家拉马钱德拉(V. S. Ramachandran)用"八项艺术经验法则"来描述支撑我们享受视觉艺术的核心神经机制。宾夕法尼亚大学的神经科学家查特吉(Anjan Chatterjee)与其他人一起进一步将艺术体验定义为感觉、情感和意义的三元组。国外的许多科学家也在重复这些实验。

与此同时,部分光效应艺术家,如莱利(Bridget Riley)画出了一些让人看了头昏目眩的作品,正如泽基所说:"艺术家也用自己的方式在研究神经科学,所以艺术家实际上也是神经科学家。"

2018 年下半年,笔者参加了在上海社会科学院举行的"脑科学与认知神经美学"学术研讨会。这个领域方兴未艾，前景难以估量。

　　沟通两种文化是一个很大的工程，也是非常值得教育界、学术界和行政部门关注的大课题，值得我们大家去关注、探索和尝试。

　　（本文作者林凤生系上海大学退休教授；本文首次发表于《中国科学报》2019 年 8 月 2 日第 5 版）

消弭"两种文化"的鸿沟亟须人文学者参与

武夷山

在中国，总有一些情况与国际上不同。例如，创新（innovation）本是经济学概念，可是在过去相当长的时间里，国内推动创新讨论最有力的是科技界和科技政策学者，而不是经济界和经济学者。同样，要想消除"两种文化"之间的鸿沟，显然需要科学家和人文学者来共同讨论、共同思考对策。可是，国内迄今基本上是科技界在热衷讨论"两种文化"，鲜见人文学界和人文学者参与，这种局面是令人遗憾的。发达国家人文学者参与"两种文化"讨论与研究的经验和情况，对我们应有借鉴意义。

Configurations 是美国约翰斯·霍普金斯大学出版社出版的一份季刊，创办于 1993 年，其宗旨就是研究文学艺术（一"学"一"术"）与科学技术（也是一"学"一"术"）之间的关系。该刊 2018 年第 3 期发表了英国剑桥大学英语系的校级讲师、剑桥大学智能之未来研究中心"人工智能叙事项目"负责人萨拉·迪伦（Sarah Dillon）的文章《论文学对科学的影响》（*On the Influence of Literature on Science*）。该文梳理了"文学与科学元勘"（literature and science studies），即关于文学与科学关系的研究领域的一些研究成果和基本认识。

　　英国作家阿道司·赫胥黎（Aldous Huxley，1894—1963 年，其祖父是著名生物学家、进化论支持者托马斯·亨利·赫胥黎）以其在 1963 年出版的著作《文学与科学》参与"两种文化"大辩论。他在书中写道："不言而喻的是，在两种文化之间，学术和认识之交流沟通必须是双向流动的——从科学流向文学，也从文学流向科学。"

　　1988 年，美国罗格斯大学英语教授利文（George Livine）在其著作《达尔文和小说家：维多利亚时期虚构作品中的科学模式》中写道，文学与科学元勘的核心任务就是要"下决心看清，科学观念和文学观念都是杂糅的而不是纯粹的，二者之间存在着双向交流沟通"；美国历史学家乔治·斯丹尼斯·卢梭（G. S. Rousseau）也曾在科学史期刊《伊西斯》（*Isis*）发表文章说："无论从逻辑上还是认识论上说，都没有理由否定：文学与科学之间发生着对等的相互影响。"①

　　但在现实中，很多人认为，科学对文学（以及其他很多领域）的影响是巨大深远的，而文学对科学的影响是微不足道的。迪伦及其同事决定通过实证研究来探究文学对科学的影响。他们对苏格兰的 20 位一线科学家进行了深入访谈，询问他们从儿时至今的阅读习惯是什么样的。访谈之后，他们得出的结论是：当代科学家的业余阅读（区分于专业阅读）有可能对其科学思维和科学实践发生影响。例如，阅读想象力丰富的文学作品使科学家更愿意接受五花八门的方法路径；想象力丰富的文学作品帮助科学家认清自己在大文化中的位置，有助于发展其社交技能；科幻作品对科学家的影响特别显著，这一点需要进一步专门研究；阅读想象力丰富的文学作品在帮助科学家放松身心方面起着关键作用，使他们回到科研工作中时再次处于头脑灵光的状

---

　　① G. S. Rousseau，Literature and Science：The State of the Field，*Isis*，Vol.69，No. 4，1978，p.587.

态；等等。

另外，迪伦还发起了一个"人工智能叙事项目"，该项目得到英国皇家学会支持，很多科学家和人工智能（AI）研究人员（包括英国皇家学会会员）不同程度地参与了进来。项目的目标是：提高科学家和政策制定者对文学和文学批评重要性的认识，因为文学和文学批评有助于人们应对 AI 等新兴技术带来的社会、伦理和政治冲击。文学学者一直强调故事的影响力，故事有时候比事实和数据更有征服力。迪伦认为，人们如何谈论新技术及其风险和效益，会显著影响新技术的发展、规制及新技术在舆论场中的地位。"人工智能叙事项目"要做的是：弄清目前人们是如何描绘 AI 的，AI 可能产生什么样的冲击，其他复杂新颖技术的传播普及方式可以给 AI 带来什么样的启示。她正在写作一本新书，书名是《文学与人工智能：叙事知识和应用认识论》。目前该项目已经产生了国际影响。2018 年 9 月 7 日，新加坡南洋理工大学召开了题为"新加坡的人工智能叙事"的研讨会，迪伦也出席了这场活动。

迪伦认为，要想使文学与科学元勘这个研究领域富有生命力，要想使文学和科学更好地惠及对方和影响对方，就需要进一步认识清楚，文学和科学元勘到底含有哪些内容；就需要倡导跨学科研究，利用好多种方法学进路带来的益处；就需要与科学家对话，对科学家说话；就需要创造、促进这种对话交流的制度结构。她的观点获得了一些共鸣。"人工智能叙事"项目组成员、剑桥大学未来智能研究中心的博士后坎塔·迪哈尔（Kanta Dihal）女士认为，目前的文学和科学元勘领域未将科幻作品列为研究对象是不合适的。迪哈尔正在写一本书，就阿西莫夫的科幻作品（尤其是"机器人三定律"）对人工智能伦理思考的前世今生所产生的影响展开研究。

迪伦强调，故事的感染力和劝诱力强，故事正由于非定量化才具有力量。故事到底是真是假是无法清晰定义的，因此，故事曾经受到贬低和排斥。①但是，对待故事的这种态度是不合适的，在政治上是危险的。故事不会消亡，而且，如今人们前所未有地需要文学学者利用其叙事技能来教育公众、政策制定者和科学家，告诉他们如何用好自己的权力，如何就叙事的功能和成效展开分析。

阿道司·赫胥黎在《文学与科学》一书的结尾处写道：“文学家们和科学家们，让我们共同向前推进，越来越深入地推进到不断扩大的未知地带。”他的号召并没有过时，各国文学家和科学家都应携起手来，共同消弭两种文化的鸿沟。消弭两种文化的鸿沟，不仅需要坐而论道，更需要起而行之。在这方面，迪伦为我们中国学者树立了一个榜样。

（本文作者武夷山系中国科学技术发展战略研究院研究员；本文首次发表于《中国科学报》2019 年 8 月 9 日第 5 版）

---

① Sarah Dillon，On the Influence of Literature on Science，*Configurations*，Vol. 26，No. 3，2018，pp. 311-316.

"两种文化"在理念融合的路上

徐善衍

　　说实话，我没有看过斯诺关于"两种文化"演讲的原文，只是近期《中国科学报》有关文章激发了个人的一些思考。其中，让我最为关切的是，科学文化与人文文化的"前世今生"的关系、未来走势，以及和中国发展的关系。这可能是与自己的职业相关，作为一名科普工作者，我多是在自然科学与社科人文交叉的领域里研究并实践着。我不否定科学与人文关注的对象和内容界定是不同的，从学科分类的意义上讲，就"让科学的归科学，人文的归人文"吧。但这是两种文化的发展方向吗？从人文文化和科学文化追求的价值目标即各自发展的理念上讲，我认为二者正走在相辅相成、彼此融合的路上，这也正是当代人类文明发展的一个重要特征吧！

一

　　西方"两种文化"的源头在哪里，又是怎样孕育了欧洲的文明的？学习相关哲学史让我认识到：早期的希腊人在贫瘠的土地上耕种或出海经商，逐步促进了异地文化的交流和对世界认知的理性思考。

被称为西方哲学之父的泰勒斯（Thales）最早提出了世界源于水的命题；随后又相继出现了一些研究自然本质及其变化规律的知名学者，如崇拜数学的学派带头人毕达哥拉斯（Pythagoras）、最早被称为辩证法大师的赫拉克利特（Heraclitus）、提出原子论的德谟克利特（Democritus）等。这里值得我们关注的一种现象是：历史往往是在不同文化的变革或互为动力中发展的。在上述那些孜孜以求的自然哲学家们纷纷亮相以后，又登场了一批以普罗泰戈拉和高尔吉亚等为代表的被称为"智者派"的人物，以及苏格拉底、柏拉图、亚里士多德等著名哲学家。他们不再关心宇宙的本原问题，而是把思考重心放到了人与社会的关系上，探究知识对人类社会的价值，明确提出了"认识你自己"的主张，倡导构建代表真理的理念世界。

　　我们从古希腊文明发展史中，清晰地看到西方早期的科学思想与人文文化是怎样如影随形般相继产生的。如果把这方面的思考延伸到欧洲中世纪后期的文艺复兴运动，我们就能更清楚地看到"两种文化"的关系了。有人把"文艺复兴"称为人类文明史上真正意义的"文化革命"，是因为这期间欧洲掀起了承前启后的三大文化主潮，即人文主义、宗教改革和实验科学；同时也涌现了一批勇于摆脱旧观念束缚的天才人物，如作为人文主义先锋的但丁（Dante Alighieri）、彼特拉克（Petrarca）、薄伽丘（Giovanni Boccaccio），他们用诗歌和小说冲破了宗教的一统天下；又如德国神甫马丁·路德（Martin Luther）针对教廷的腐败，提出了《九十五条论纲》。这是对人的自由、尊严和权利的追求，也是人性、信仰与理性的解放。正是在人文文化发展的基础上，近代意义上的自然科学伴随着哥白尼、伽利略、牛顿等人物的相继登场，推动了世界一次又一次的科技革命。

二

人类社会的第一次工业革命至今已有 250 余年时间，人们运用科学技术创造的物质财富之巨是过去 2500 多年无法比拟的，不能不说这是科学文化创造的奇迹。但这个时期全世界人文文化的状况如何，是一个很难说清楚的问题。目前，一些地方永无休止地战乱、凶杀，民族极端主义膨胀，地球生态环境恶化等；人们或许从来没有像今天这样悲观地认为人类的命运终将毁于自己之手……我认为，这是科学文化与人文文化协调发展问题面对的最大挑战。因此，在"两种文化"提出 60 年后的今天重提这个话题，我们应当赋予什么样的新思考与行动？

斯诺先生的高明之处是把人类社会的多元文化，如文学、艺术、宗教、信仰、伦理、道德、科学与技术及法规制度等，统统归属于人文与科学两类不同的文化。这让我想到，人们的所有活动不都是为了在人类社会和自然界的两个世界中获得理性的自由和追求吗？这也正是两种文化的价值所在。但这种追求的过程应该是怎样的？斯诺先生关于"两种文化"的思考给我们的启示，就是要实现两个方面的协调发展，让科学的价值与人文的价值融合。

在 2010 年上海世博会上，城市实验区里的"巴塞罗那展馆"给我留下了深刻的印象，展厅入口的横幅上写着醒目的一行大字和省略号："在万千变化的世界里，总有一个不变的东西……"。展陈的内容是人类为了追求工业时代的生活，导致城市充斥着高楼和烟囱，空气和河水遭受污染，生态环境也随之恶化等。这一切使我们认识到：真（科学）、善（人文）、美（协调的艺术之美）是人类永恒不变的追求。

同样，2016 年，我在意大利参观罗马国立二十一世纪艺术博物馆。让我惊奇的是这里竟看不到一件知名大师的作品，他们展示的是人居环境里的生存与自然的和谐之美，工业产品设计中的科技与艺术适用的融合之美，以及人们的道德行为之美（也有对现实生活中丑陋现象的揭露）。这一切让我看到，两种文化的融合发展，已逐渐成为世界人民的共识，而且只有实现这个目标，才能显现人类文明的大美。

三

如果用"两种文化"的视角看中国，首先，我们应面对一个事实：中国历史上没有产生近代意义上的科学，这是为什么？这就是所谓的李约瑟难题。但我认为，这又是一个答案简单的问题。原因仅在于在西方科技出现的同一个历史时期，中国不具备或缺乏产生自然科学的文化土壤。这种"土壤"是一种人文，也是科学文化的一部分，因为人文包括了各种文化现象，而科学发现与技术创新的文化现象，是属于那些敢于质疑、勇于探索又善于发现真理的人类活动，也是那种"吾爱吾师，吾更爱真理"的超越精神。回想一下，在两千多年的时间里，中华文明主要由儒、道、释三种主流文化主导，又很快步入"罢黜百家，独尊儒术"的时代。在这样的历史背景下，中国怎么可能出现自然科学大发展的局面？

如果让我们的思绪再回到一百余年前，新文化运动掀起了反传统、反孔教、反文言的思想文化革新风暴，要请出的是"德先生"与"赛先生"。从本质意义上讲，这不正是反映了那个时期的爱国青年要用人文文化和科学文化来拯救中国的愿望吗？我们的前辈对"两种文化"的认识比英国人斯诺整整早了40年！但中国的历史决定了要实现这个目标，还要经过一个艰难奋斗的过程！如果从五四运动发生的

1919 年算起，再到 1949 年、1979 年、2019 年至今，从百余年的历史长卷及几个关键的时间节点上，我们可以看到中国人是怎样书写自己的光辉历史的！

在历史的长河中，"两种文化"的发展不可能是截然分流的，这是因为科学为社会实践服务的精神理性价值与工具理性价值，只有在社会发展的实践过程中才能真正得以实现。近 30 年来，我国实施"科教兴国"的战略，坚持科学发展观和人类命运共同体的思想，各项事业取得了举世瞩目的成就：城乡面貌巨变、近 1 亿人口脱贫、共建"一带一路"倡议取得显著成效等，使我国在经济、政治和文化各领域逐步走向世界大国、强国。这对我们在中国近百年之大变局中，怎样认识人文文化和科学文化在人类文明发展中的作用，具有重大的意义。

（本文作者徐善衍系中国科协—清华大学科技传播与普及研究中心理事长，中国科协原党组副书记、副主席；本文首次发表于《中国科学报》2019 年 8 月 16 日第 5 版）

换个视角看"两种文化"

郭传杰

忧心于科学与人文两个不同文化群体间缺乏知识认同、互不理解、隔阂加深的社会现象，1959 年，英国学者斯诺在剑桥大学的"瑞德讲坛"上提出了"两种文化"的命题。60 年过去了，议论、研讨这一文化现象的文章汗牛充栋，数不胜数，然而鸿沟依旧，且越来越宽。这是为什么？

事实上，在斯诺演讲 11 年前，1948 年，我国建筑学家梁思成就在清华大学的讲演中，以"半个人的时代"为题，批评了当时的文、理科学生的知识片面化问题。要知道，当年清华大学的校长梅贻琦是以"通识为本"的教育理念治学的，要求学生对自然科学、社会和人文科学都要重视，当时的文、理科还都是很强的，梁大师尚且看不过去，况且是之后呢？

大半个世纪过去了，这个问题还在讨论，这个鸿沟还在继续加大。这是为什么？怎么理解这样一种学术性的社会现象？这是值得反思与追问的。以下几个原因可能都存在。

一是这个问题的确太重要了。直到今天，它还像当年斯诺指出问题时一样，牵动着社会发展的神经，一直引人关切。所以，还要继续关注、研讨下去。

二是如何消弭两种文化的隔阂，至今还没有太有效的法子。包括有人提出"第三种文化"概念，有人提出大学要进一步加强文理兼重的通识教育，等等。

三是对"两种文化鸿沟"这个概念本身缺乏深刻明晰的理解和认知。

我认为，第三个原因，恐怕是几十年来文化鸿沟仍难消弭的重要因素。如果问题本身概念不明晰，那是很难期待出现解决问题的曙光的。

文化是有结构的，人文文化、科学文化作为大文化的子系统，也一定有类似的结构。人文和科学这两种子文化，都由知识系统、方法规则系统和精神理念系统构成。其中，知识系统处于最外层，为人们最容易接触到、最熟知；而精神理念系统处于其核心层面，看不见、摸不着，但最具有本质规定性，处于最核心地位。具体来说，这两种子文化的核心分别就是人文精神和科学精神。

无论斯诺还是梁思成，说到"两种文化""半个人"问题时，都是从知识这个最外部的文化形态着眼的。斯诺很焦心于科学家没读过莎士比亚的著作，文学家不懂热力学第二定律，双方缺乏相互交流的共同知识基础，这的确是个现实、恼人的问题。

然而，如果从知识层面来看，这两种文化的鸿沟能弥合得了吗？我以为，除某些出类拔萃的天才个体外，对两大群体的大多数来讲，是不可能的，这是事实，也是规律。科学与人文的分野，古已有之，这是由于它们探求的领域，一个是自然的、物性的，一个是社会的、灵性的，本身就存在根本差异。在现代科技萌芽的年代，两类知识集于一身的伟大人物并非鲜见，类似百科全书式的人物和"达·芬奇"们还常见于历史。但到了第四、第五次科技革命已然爆发，相对论、量子论及电子信息、自动化、遗传密码等迅速揭示和应用后，这种知识的文化鸿沟就出现了，再难找到达·芬奇了。及至今日，人类历史上的第六次科技革命正披风带雨，迅步来临，新科技革命将不仅改变人类生存的外部环境，还改变人类自身，新知识的产生迅如潮涌，层出不穷。很难设想在我们的周边能找到很多既是小说、作曲界的高手名流，又能和物理学家深入探讨中微子振荡的跨界全才。当然，我并不否认通识教育的重要，很支持文科生尽可能多地了解一些科学前沿、理工生多掌握一点琴棋书画，也不排除少数跨界天才人物真有可能存在。但对大多数人来讲，人的心智能力和时间精力都是有限的，取得成就还只能在自己的某个专业领域。也就是说，如果只从文化的知识层面来看，两种文化间的鸿沟不仅无法弥合，而且会越来越大，这是必然的趋势，因为科学技术发展太快了！

然而，在两种文化的精神理念层面，逐步消弭鸿沟，使人文精神与科学精神相互融会结合，让传统的人文理念汲取科学思想的最新成果，使进取创新的科学文化自觉接受人文精神的指引，这不仅非常必要，而且是可行的。从这个层面上看，未来消弭两种文化的鸿沟隔阂，是可以期待的，也是我们应该努力的方向。爱因斯坦的小提琴、"两弹一星"元勋们的人文知识素养未必都能达到很高的专业水准，但他们的人文精神，如爱因斯坦在《我的世界观》中所表述的，绝对都在高尚的一流水平。专业知识有分野、有分工，但无论是科学还是人文领域，在精神理念层面，即在人文精神、科学精神的层面，可能且应该实现深度的融合。人文精神注重生命的尊严，追求平等互享，削减贫富落差，构建人类命运共同体；科学精神唯实求真，不承认终极真理和至上威权，只问是非，不计利害，具有永远的革命性、创新性。人文求善，科学求真，两者结合即可攀登真、善、美的高尚境界。在这个意义上，也只有在这一层面上，两种文化的鸿沟才可能实现弥合。

如果认同应该从这个视角去分析、讨论"两种文化"的问题，那么，我觉得许多扰人的社会现象似乎也有了答案。譬如说，为什么有专门科技知识的人会挑战伦理道德做实验呢？他不也是科学家吗？不否认他在知识层面已踏进了科学家的门槛，但在科学精神方面，可惜水平还非常低下。同样地，社会上也偶尔有曝出大导演、大名家干出某些龌龊不堪行为的社会新闻，他们不是万人钦慕的文化名流吗？不否认他们确有艺术才气或著作等身，但其灵魂中的人文精神恐怕相当稀缺。又比如，为什么我们批评有的学校、家长，不顾孩子兴趣过度强化琴棋书画之类的培训呢，他们不是为了消弭文化鸿沟、提高孩子的全面素质吗？须知，真正的全面素质并不在知识、技巧这个表观层面，而是体现在内心深处、融贯灵魂的人文和科学精神上。

（本文作者郭传杰系中国科学院原党组副书记；本文首次发表于《中国科学报》2019 年 8 月 30 日第 5 版）

融合之路将越走越宽

章梅芳

　　自西方近代科学革命以来，科学文化与人文文化的关系就逐渐成为思想界和学术界关心和讨论的话题。1959 年，英国物理学家、小说家 C. P. 斯诺在剑桥大学的著名演讲，简洁鲜明地表达了前人及当时社会对科学文化与人文文化相互割裂的忧思。自此，关于两种文化的讨论引起了越来越多的学者和公众的关注。60 年后的今天，科学文化与人文文化之间的鸿沟依然存在，讨论两种文化的关系问题并不过时，依然具有重要的学术价值和社会意义。

　　就中国而言，科学文化问题自西方科学传入以来，亦成为学术界最为关心的主题之一。20 世纪初，轰轰烈烈的新文化运动，为国民带来了"德先生"与"赛先生"。一方面，科学与民主一起，被科学阵营的先锋们赋予了救亡图存、启蒙革新的重任，一切旧有传统和文化都必须为其让道；另一方面，玄学阵营的一些知识分子因目睹第一次世界大战后的欧洲社会状况，认为科学不能解决人生观问题，反对科学万能论。于是便有了 20 世纪 20 年代那场著名的"科玄论战"。结果，因科学在中国的无上尊严，这场论争以"玄学鬼被人唾骂，广大知识青年支持或同情科学派"而告终。

在此后的年月里，诚如范岱年先生所回顾的，科学主义思想继续在中国的左倾知识分子那里得到认可和肯定，甚至价值观、人生观与具体的经验科学在某种程度上被混同。

20 世纪 70 年代末至 80 年代，改革开放与思想解放的春风给中国学术界带来了生机，人生观、价值观、科学观的问题再次成为学界讨论的焦点，科学主义与人道主义的争论出现。胡乔木、金观涛、查汝强与王若水、李泽厚、甘阳等学者的参与及其观点，表明了当时中国学术界思想的多元化趋势。

进入 21 世纪，"科玄论战"中讨论的那些问题被重新关注，引发了轰轰烈烈的争论。一方面，科学在一部分学者心中依然具有无上尊严的地位，是"正确""客观""进步"乃至"善"的代名词，他们明确提出要提倡"科学主义"；另一方面，一些从事科学文化研究的学者对"科学主义"观点提出了诸多疑问，主张要对"科学主义"思想的渊源、本质和危害进行全面梳理和分析。"科学主义者"认为"反科学主义的结果就是反科学"，推崇"将科学方法应用于社会科学和人文科学的研究"等；反科学主义者则认为，反科学主义是反对科学万能论和科学方法万能论，而不是反科学，自然科学方法不能解决人文学科的问题，科学文化具有多元性的特征等。双方围绕西方学界的"科学大战"、"印度洋海啸"和中国"圆明园防渗工程听证会"及"能否废除中医"等具体事件，展开了激烈的交锋，同时引发了众多媒体和社会公众的参与。

从总体上看，21 世纪中国学者争论的还是 20 世纪初"科玄论战"以来思想界所关心的共同话题——科学观与人生观、科学主义与人本主义的关系问题；但不同的是，在新的时代环境下，这些问题有了新的表现形式，研究与讨论的文章在分析视角、方法和争论侧重点上也有了新的变化。

20 世纪中叶以来，科学技术的飞速发展给人类带来了福音，但同时工业文明也造成了严重的生态环境问题、社会健康问题，科学技术在现代社会中的影响日益复杂化，人类与自然界的地位及关系引起了更多的关注和思考。在此背景下，印度洋海啸引发的国内学界关于"敬畏自然"的大讨论，使"科学主义者"与"科学文化人"之间产生了交锋。"科学主义者"认为人类无须敬畏自然，因为在人与自然之间，必须以人为中心，为了人类生存，有时候可以破坏环境和生态，而且科技发展能不断地解决环境问题，主张"敬畏自然"的实质就是"反科学"；"科学文化人"则认为"敬畏自然"表达了人类对于生命根基的敬重和对客观规律的尊重，人类与自然的和谐生存和共同发展是现代社会的主题，主张"人类无须敬畏自然"的实质是"科学主义"。除此之外，围绕圆明园防渗工程的争论等同样也都是关乎国计民生、关乎自然生态的现实问题。新问题的出现，使争论有了新的内容，但双方最后都集中在"科学主义"与"反科学主义"的焦点上，这反映了一百余年来"科学主义"思潮在中国学术界根深蒂固的影响；同时也说明在中国，科学文化与人文文化的鸿沟依然存在。

新的时代不断涌现出新的问题，新的争论也将不断产生。有争论并不是坏事，相反它有助于不断地丰富公众对科学文化的认识和理解。尽管在 20 世纪初，科学与民主在国人心中已是并重的位置，但更多的却是将科学作为救亡图存的思想武器来看待，至于科学作为一种社会活动和社会事业，其本身的社会性和民主化问题并没有被重视，相反，它被看作是至高无上、不可侵犯的新事物，是一个没被打开的"黑箱"。第二次世界大战以来，公众对于科学技术的负面效应有了更直观的体认，媒体上开始出现越来越多的反思和批评的声音。科学技术史、科学社会学、科学技术哲学等领域的学者逐步打开了这个"黑箱"，去分析其内部结构、运行机制及其与外部社会之间的互动，乃至强调要消解"内"与"外"的界限，认为科学技术本身即是社会建构的产物。相应地，科学在公众眼里亦逐渐褪去了神圣的光环，不再具有理所当然的理性和客观性；媒体与公众在公共科技事件中的参与度不断提高，亦体现了科学与民主在新时代中的结合。从这个角度来看，虽然科学文化与人文文化之间的鸿沟依旧存在，但是二者实现融合的可能性也在增多。

纵观近一个世纪以来的两种文化论争，拥护科学的人常常因科学的强大力量而赋予自己理所当然的正确性和正义感，并以此抹杀其他观点的价值，表现出英国学者布莱恩·温所言的那种"自大"和缺乏"内省性"。这不仅与民主的精神相悖，也不利于科学自身的发展。"百家争鸣，百花齐放"，反对者、支持者，都可以在彼此了解的基础上，发出自己的声音；唯有如此，才能真正促进科学文化与人文文化的深度融合。

所幸的是，当今中国文化早已走出思想禁锢的年代，学术性的争论已有了充分的自由空间。也正因为有了开放多元的思想环境，有了热爱科学文化事业、关心人类与自然共同命运的学者，有了关注公众、生态、传统和现代化等现实问题的科学传媒，科学文化与人文文化的融合道路虽然长远，但也将越走越宽。

（本文作者章梅芳系北京科技大学科技史与文化遗产研究院教授；本文首次发表于《中国科学报》2019 年 9 月 20 日第 5 版）

两种文化：两种科学、两种知识与两种科学文化

刘孝廷

2019 年是斯诺关于"两种文化"的演讲 60 周年。回首当代半个多世纪科学蓬勃发展的历程，同样可以发现两个现象：一是以斯诺的演讲为标志，科学与人文之间早已出现了重大裂痕；二是虽经人们一再努力，但历史走到今天，科学与人文之间的裂痕不是日渐弥合，而是越来越扩大化。科学与人文割裂和冲突的一个直接体现即是，地球资源与环境状况的日益恶化早已有目共睹，这种现象甚至使许多悲观主义者直接怀疑人类的自理能力和文明的根本前景，认为人类世已经走到末日①。可惜直至今天，我们比来比去所能想到的各种措施依然都不过杯水车薪、难有作为，地球环境的恶化趋势不是减缓，而是一直在不断地加速。究竟如何才能使人类扼住疯狂的失控之车而不至滑入断崖自我毁灭呢？

---

① 刘孝廷：《新末世论——基于"霍金之忧"的哲学叙事》，载沈湘平主编：《京师文化评论》第 8 辑，北京：社会科学文献出版社，2022 年，第 133 页。

一

　　按照科学史的解读，现代科学的源始地在古希腊。而科学在诞生之初本来也是作为人文成就傲立于世的，东西方莫不如此。当柏拉图在其学园门口钉上“不懂几何者勿入”的牌子时，他也是把几何（数学最初的代表）当作人文和教养知识来看待的。科学之初的这种现象至少说明了两个道理：一是人文文化特别是希腊神话是科学的源始母体，爱因斯坦就把宗教和哲学都看作科学之母；二是科学本身就内蕴着人文的本性，甚至就是人文理性与知识的某种延展。但历史发展的大概率事件却多是事与愿违，科学发展的只是关于自然的科学，而受到冲击最大的恰恰是它最初起步的根基——人文知识或自由的“科学”。这也是讨论两种文化必须首先正视的基本问题。

　　而从思想相关性的视角看，无论哪种文化或文明都和人有关，不仅仅是为了解决人的问题，更是从人出发的人的知识或科学，因此人才是所有一切的核心与根本。古贤曾警示云“冰冻三尺非一日之寒”，又言“欲速则不达”，也就是要充分估计问题的难度和所需时程。故而，当此历史和文明转型之机，哲学这种审视人类文明长时段进程和追本溯源的“软”方式，或许能于人们的惯常视野之外寻索到源初症结和病根，而其他学科或领域则仍可长袖善舞，借此再对症下药，扩展出适合的对策和措施。

　　就科学与人的关系而言，源初的科学是有人有情的，一切知识最初都是事关人类自由的知识，因为那时主要是作为人类生存的基本常识和地方性知识而存在，所有被言说的内容也都非常丰富而具体，所谓“自然哲学”也不是严苛排除人的。但是，近代以来，科学因实验手段的成熟和理论逐渐数学化而脱离了日常生活和常识，越来越“客

观化”和去主体化，即“自然化”，虽其终极目的也是为人类谋取某种
利益，却在努力使人从自然力的“奴役”下解放出来的同时，不但反
客为主、形成反制自然的虚狂心态，也形成傲视人文的虚骄心态。而
且，科学由于凸显了外在的求利特性，因此很快成为资本的宠儿和笼
中物，成为被资本所驱动的求利运动的工具，遂使其在给人类带来更
大福祉的同时，也染上了资本横征暴敛的特性，从而直接加深了社会
贫富的鸿沟与冲突。当代法国经济学家皮凯蒂（Thomas Piketty）在其
广有影响的《21 世纪资本论》（Capital in the Twenty-First Century）
中，就直接指明马克思关于科学技术加剧相对贫困和工人异化的担忧
不但没有过时，而且不断被推展。只不过皮凯蒂也没能从根本上给出
化解科学“三面楚歌”的妙招。其实，就认知而言，资本背后起根本
作用的是数理形而上学，是这种哲学理念导致关于自然的必然的科学
与关于人的自由的科学分岔，又支撑着资本逻辑的合法性。故此，破
除资本暴力的根本途径也只能是消解这种表象背后的形而上学，走一
种多元共生的博物的哲学之路①，然后再立足于此建立谋求人类根本福
祉的人类命运共同体的哲学。

　　就科学家与科学的关系而言，知识原本是附带美德的，科学作为
科学家追寻自由和真理的事业，作为崇敬大自然的行动和人文理想，
是祛利的。但如今的大多数人都把科学研究看作是谋利的职业和行
为，古雅而崇高的理想几乎荡然无存，类似于俄罗斯数学家佩雷尔曼
（Grigory Perelman）那种对任何荣誉和奖金都不感兴趣而只为求知之乐
的学者，可谓独步学林、空谷足音，在全世界再难找到第二人。从祛
利到趋利的状况显示，科学家作为科学文化的主要承担者已经极度世

---

　　①　刘孝廷、刘静远：《作为一种世界观理论的博物学——“博物的哲学及博以成人”弁言》，
载刘华杰主编：《中国博物学评论》第 4 期，北京：商务印书馆，2019 年，第 9—20 页。

俗化、功利化，于是科学作为一种思想的存在被连根拔起，很快就走到了人文精神与文化的对立面。虽然这些都是因为人类近代产业化进程的整体运势所导致的，不能完全由科学行业和科学家个人担责，但科学在其中所表现出的丧失原初品格以及科学家对纯然真理之疏离与陌生，也是极其触目惊心，让人不寒而栗乃至痛心疾首的。

就科学家与人文的关系而言，人文本来是很具体现实的，人类之所以讲人权、民主、自由、平等，就是基于人之生存的人文理想，是自由精神的体现。所不同的是，中国人一直在追寻集体的自由，而希腊以降的欧洲人发现了个体也是不可或缺的，启蒙运动的根本就是明确个体神圣性这样一个事实，《共产党宣言》也鲜明地指出未来社会一定要把"每个人自由而全面的发展"当作"一切人自由而全面发展"的条件。然而，资本主义虽然是在个体人学的基础上发展起来的，但其把人类传统集体克服苦难的渴求全都加在个体身上，则难免矫枉过正而只把人当作理性人即经济人，也就是追逐利益的动物，形成对人之人格的降维打击。因为这只是肯定了人的初级的最低层次需求，而人本身是丰富、具体而完整的。所以，在资本主义社会，个体虽然是坚实的单子，却是容易失去丰富性和具体性而只有抽象人格的实体。这种对个体真实性和具体性泯灭的做法，就使真实的个体被忽略和压制，人们只关注那些可以进行程序加工和计算，能够外向传输的模块化知识或曰公共知识，而对个体肉身性、难言性、不可传递性的知识一概忽略或视而不见，至于产生这些肉身性知识的身心基础与情境，就更是难入"法眼"了。

可见，两种文化割裂所反映的最后实质乃是人自身被撕裂的状况。随着自然的科学与自由的科学的分化与疏离，科学家在科学中的融入感与心灵历练就都被割舍和剔除了，科学原初那种神圣的人文光环也褪色了。结果，科学家走进科学的殿堂远不如信徒走进教堂或寺庙那样有身心投入感和神圣敬畏感，这使科学家在某种意义上甚至成为人类文明发展最危险的一群人。

二

从知识的视角看，两种文化的割裂也是"公私"两种知识观的分野，后者甚至又反向加剧了前者。

就人的历史生存进程而言，人类始终是在自然和人工的两种维度中生活。科学凸显和推进了人工的维度，更与所谓客观知识靠近；近代以来的知识形而上学也极力倚重科学，推崇普遍理性与经验，致使生活化的、生存化的经验维度被压抑，导致真正的人文即关注人的私人生活和私人知识的倾向被贬抑。而起步于古希腊的原初哲学却更加注重私人化的经验和体会，它既直指星空，又叩问人的内心，因而将星空的自然律和人心的道德律统一起来。特别是 19 世纪后半叶以来的哲学再次感受到古希腊思想的魅力，开始挖掘和凸显这方面的特性，不但提升了心灵和价值在哲学中的地位，也在知识划分和语言探究方面找到了线索和根基。

20 世纪上半叶由英国科学哲学家迈克尔·波兰尼（Michael Polanyi）提出的个人知识①，就批驳了以往科学对缄默、内隐、难言的知识的压制和遮蔽，因为后者是不能脱离个体的肉身而独立存在的，但却具有与个体自我身心一体的属己性，是个体创造力和外向的可交流的公共知识形成的温床与孵化器。所以，为弥合两种文化的割裂，除了人文

---

① （英）迈克尔·波兰尼：《个人知识：朝向后批判哲学》（重译本），徐陶、许泽民译，上海：上海人民出版社，2021 年，第 2—14 页。

学家的鼓与呼，科学家也要学习更多的人文知识，特别是新哲学，以使科学向具体的人文和私人知识靠近，实现两种知识与情怀的交融与统一，而不只是停留在旧的哲学界面止步不前。

进而言之，就科学家与社会的关系而言，科学家作为一个现实的、具体的人，也有其公共性和个体性的两面，而且这两面互为表里，彼此支撑。公共性和公共知识是科学家的外相与表现，个体性和个体知识是科学家的内在含蕴。如果人们只关注科学家的外相与表现，丢失其内在之含蕴，则科学家在科学活动中就只能成物却不能实现自我的精神提升和进阶，当然也就不容易秉持或掌控内在的法度，于是具有极大影响力甚至破坏力的科学技术掌握在科学家手里，就成了十分危险乃至可怕的事情。正因此，近年来关于科学道德或科技伦理的讨论和呼声也越来越高。但在一个以法制为主的时代，伦理道德究竟能有多大作为，是很值得深思的。因为不超越表层的规范要求，不关注科学活动作为科学家的个体生存的维度和生命修炼的特定形式，则无论伦理道德的呼声有多大，都不过是表象性的形式，只及皮毛而难修正果。或许，会有人不同意这一看法，那请看下当今社会各种重大事件大都少不了科学家参与这一事实，就不难识别巨量风险的主角究竟为何人。而现实例证和逻辑推演的一个统一的结论是，对未来和风险满怀敬畏与忧虑不但在境界和道德上令人崇敬，而且在总的利益损失方面也是最小的[①]。这就是人文的力量和价值！

与此相关的另一层面是关于普遍性知识与地方性知识的关系。这个问题在近年来国内外对科学实践与地方性知识的探究中获得了很大的推进。在此，普遍性的知识通常指公共的知识，一般以理论化的知

---

① 刘益东：《遏制致毁知识增长——颠覆激励不对称是当务之急》，《自然辩证法研究》2024年第2期，第13—17页。

识为主，因为只有理论化的知识才有普遍性，也就是普世的。而实践的和地方的知识都是有特定情境和条件的，离开了其特定情境和条件，这些知识可能并不普遍适用，可在特定的情境中它们又是非常有效的知识。近年来关于该问题的讨论逐渐向人们表明，所谓客观的普遍的知识，其实最初也都是来自地方性的实践的知识，只不过在后来的知识传播和互动中，或者是那些"具有最大公约数"的知识得到了系统化和理论提升而成为"普遍适用"的，或者是某一种知识借助于自己的强力条件，如经济、政治、军事实力等，冲抵和洗刷了其他的地方性知识而使自己普遍化。而至少后一种靠强力推广的知识，本质上并不天然就是真正普遍的真理性知识，这也是目前全球化冲突中的一个严峻问题。

今天，当人类的知识已经发展到视角多样、内容丰富、形态各异的多元境地，则关于不同知识的互释及其多样性联结或整合已成为一个时代性的根本任务，这也是讨论两种文化不可回避的一个重要视角。

三

面对两种文化之间难以逾越的鸿沟，当下的人们首先想到的是能否从两端向中间突进，尽量压缩"鸿沟两岸"的距离，于是便从各自出发来吸收对方的成分而形成了新的"突出部"，这就出现了基于科学立场的科学中的文化和基于人文（或文化）立场的文化中的科学或作为文化的科学两大新分支，从而在"两种文化"之上出现"两种科学文化"，即科学中的文化和文化中的科学。

比较而言，科学中的文化主要立足于现代科学的视角，讲科学之中有文化，属于"大科学小文化"。一方面，科学本身包含着某些人文的理想和人文成分，比方说，库恩讲的科学范式中就包括形而上学和理想；另一方面，科学活动中确实也有价值观、伦理学等潜在地发挥作用，因为毕竟是科学家在从事着科学的事业和科学活动，那么科学家自身的观念、思想和文化也对科学的存在、形态和思想建构等起到某种前导性作用。所以，强调科学中的文化也是强调科学中非单一的知识性维度、非单一的理论化维度，而更加突出科学中的实践的、现实生存的、人的维度，这应该是一个可喜的进步，尽管其视野仍然受到科学自身固有的某些观念的束缚。

文化中的科学是从文化的角度看科学，认为科学本身就是一种文化现象。这个视角和立场古已有之，甚至可以追溯到古希腊之初，是与生俱来的一种思想色彩。但是，今天当人们对文化和文明的理解逐渐升维后，讨论科学作为一种文化就不再仅仅局限于古希腊和古代的理解，因为今天的科学已经渗透到人类生活的各个方面，已经和人类文化发生了高度的融合；特别是随着人工智能和虚拟世界的发展，数字化等智能性内容进入人类文化的深处，就形成了一种科学向文化的回归态势，既是文化被科学化，也是科学被文化化，或者说文化和科学二者越来越互相借重。固然，人们也可以直观地说，科学中的文化是科学里面的文化，文化中的科学是科学外面的文化，二者具有某种相通性和一致性。但是，这两种思潮在今天仍然没有完全统一，需要我们在更高的视域和层次进一步协调。

而从时代全面发展所需的新人文视角看，协调两种科学文化必须在二者基础上"升维"到新平台，努力去建构一种不同于以往之人文或文化的新人文——科学人文或科学文化。

首先，就科学本身作为一种文化而言，它既是一种理论存在，也是一种实践活动；既是一种社会势能，也是一种个体的精神生活；既有公共的一面，也有私人的一面；既有客观的一面，也有主观的一面；既有外显的一面，也有内向的一面；既有事功的一面，也有境界提升的一面；既有成物的一面，也有成己的一面。只不过其他行业的人过其他行业的生活，科学家在科学活动中过科学家的生活，人们完全可以认为科学家的工作就是一直从事科学文化工作。于是，当历史进入知识经济时代，科学家日益成为社会发展的主角而备受推崇时，人们有理由对科学家提出一些特殊要求。而按照马克思的论断，如果科学家只把科学当作一种谋生的职业和手段，忽视科学作为一种文化的人文向度，则他也是异化的存在和异化的人。就此，拯救科学文化，也是拯救作为人的科学家自身。

其次，就科学中的文化而言，应该区分不同形态的科学所包含的文化成分及其作用方式。比方说，作为理论形态的科学，其中所蕴含着的价值观、伦理规范、方法论手段、审美情趣等，以更多地体现科学本身所包含着的多重丰富性，形成饱满的整体性理解，而不仅仅完全按照"我是真理我怕谁"的态度，采取一种无人化的立场和手段，强力推行科学中的某些东西。特别是，由于科学也作为实践形态存在，因此理论形态的科学向实践转化和拓展时，更应该采取谨慎的姿态，尤其对很多被称为非科学的事物下判断和互动时，不应过于粗暴和强蛮而为所欲为，因为那些实践形态的文化里包含着许多民族的传统和习俗，是他们存在的一个内禀性的尺度和灵魂。如果科学过于强暴，则不仅会引发冲突，也会对那些文化造成深度伤害甚至毁灭性冲击。

此外，作为科学活动主体的科学家，其个体的人文修养也是有不同成分和层级的，要区别对待。其中，民国时期的许多科学家如陈省身、杨振宁先生等，通常都具有很好的人文素养，他们在对自己所从事的科学事业和科学活动进行理解时，也具有很强的人文成分和情怀。现在中国的许多科学家由于都是在高考文理分科后培养起来的，大多人文知识匮乏，在对科学进行理解时也不足以在己身内达成两种文化的平衡。这也是我们今天理解科学和科学家不得不警醒和慎重的一面。它要求我们必须针对具体情况形成不同的判断，以便对这样一个特定的分科现象有足够的防范，同时从中汲取教训，努力使我们日后的基础性教育尽量少进行分科或少受分科影响，特别是通过各种各样的教育形态如社会的、家庭的、博物的手段，来弥补业已出现的知识结构、心态、教养、趣味的缺陷，为两种文化鸿沟的弥合做出时代性贡献。作为一种现象，新近出现的 STEAM（Science，Technology，Engineering，Arts，Mathematics）教育，其所推行的综合教育理念、多学科融合方法、跨领域实践能力的教育体系，也可看作是融合两种文化特别是两种科学文化的积极尝试。

　　总之，两种文化的根本性质仍然是自由与自然的关系问题，因此讨论两种文化不但涉及不同的科学，也涉及不同形态的知识，以及当代运势中不同视角的科学文化。只有在其复杂多维立体的总状况都被通盘审思后，才有可能找到弥合科学与人文割裂日久的鸿沟之路，为新科学文化事业的繁荣与健康发展奠定思想基础。

　　（本文作者刘孝廷系北京师范大学哲学学院教授、北京师范大学价值与文化研究中心研究员；本文首次发表于《中国科学报》2019 年 9 月 27 日第 5 版）

"科学文化"的教育养成：一个朴素的视角

唐克扬

科学和人文哪个更重要，我其实有点"偏心"。

虽然科学和人文貌似已打成平手，但至少在我的身边，能够看到的主要还是科学既强势（在获得经费支持方面）又落于下风（在文化影响上）的不平衡境况。斯诺说得没错，今天的人文学者大多沉浸于自己的世界之中。也如同斯诺所担心的那样，由于分工越来越专业化，人文知识分子对科学的进展相当陌生，也很少有兴趣去讨论科学议题。绝大部分的思想类著作，见诸报端又与科学思想有关的，通常只占非常小的一部分。

从另一个角度说，科学家们倒是难以忽视人文社会的问题，因为他们的研究本身基于一种实证的角度，需要坦率地面对复杂的世界。斯诺本人显然也对科学要"偏心"一些，在他看来，社会体系的决策者不懂科学，比科学家缺乏人文素养，直接的危害性显然要大一些。比如在广岛和长崎投下原子弹的美国领袖们，因为是科学领域的门外汉，并没有真正意识到这件事的深远后果。

但是，科学家们又是如何应对这种"偏心"的局面的呢？

作为一位兼有文理背景的教师，笔者曾经任教于国内一所素以教育创新而知名的理工科大学，平时打交道较多的是"硬核"理工男/理工女。在他们身上，我能够深深地体会到某种认知和影响的不平衡。这些同事绝大多数对专业富有热情，但是显然他们对于自己专业之外的领域也有着强烈的个人看法。我记得与一位同事聊天时曾经有过这么一段对话：

（他）：如果论及谁更"高级"，那肯定是人文第一，工程第二，科学第三。

（我）：难得你对我们（作者注：当时作者任职于该大学的文科学系）这么高评价呀！

（他）：不过，要说起谁更不容易，那次序可能就正好要倒过来了。

当我还短暂地沉浸在他的褒奖所带来的喜悦中时，他最后那句话却让我想了好一会儿——那不像是幽默，倒像是他平素立场的诚实表达——"我确实比你聪明"，这是理科学霸心态的自然流露。其实，不止一个人有这样的心态，我的另外一些科学家朋友在和我讨论人文话题时，也会时不时地丢下一句："你的问题确实很有意思……但如果用复杂性来评估你这个问题，那可能还是……"他们的同道者可能包括一些爱好广泛的科学家，比如物理学家费曼（Feynman）等人，他们涉猎广泛，但对非科学的思考对象的挑战性多少有些轻蔑。

在《技术与文明》之中，刘易斯·芒福德（Lewis Mumford）写道：（在重新发现大自然之前）"每种文化都生活在自己的梦中。"他之所以这么说，是基于这样一个历史事实：在中世纪，人们对一事物在自己的头脑中形成的概念，总是比该事物在自然状态下还要实在，灵魂脱离了肉体。[①]如果"科学文化"这种说法确实成立，那么科学文化

---

① （美）刘易斯·芒福德：《技术与文明》，陈允明等译，北京：中国建筑工业出版社，2009年，第26页。

最极端的拥护者，恰恰是一个认为自己没有梦的人。因为在他看来，近代科学的建立其实是基于一种看起来无懈可击的客观性，是站在第三人称看世界的表述，如果说科学还有什么文化，那它就是将事实剥落出来，使其回到自然状态的共同信念——这种"科学文化"恰好是与一般所说的文化相对立的东西，它只适合用"难-易""简单-复杂"这样一种二元的思维方式去评估身外的世界，包括人文话题。

抱有这种"科学文化"立场的理工科学者，他们对于人文学科的理解往往是更加令人啼笑皆非的。表面上看，我那位夸奖"人文学科很容易"的朋友是对的，因为理工背景客串一下文科，看上去确实比文科生重新捡起只在高中学过的数理知识来得容易。笔者想起很多科学家都声称他们爱好诗词歌赋、琴棋书画，究其原因，一方面，是这些东西社会特性不突出，类似一种技艺，同样可以用"难-易""简单-复杂"的模式来评价——有时候，甚至也可以和"数学之美""逻辑的力量"通约，这是理工学者们容易认同的；另一方面，如果"人文"被理解成如此的"纯"艺术，那么它形成了理工科的完美的对立面，具有前者不具备的主观性，但是同样因抽象而美。

唯一的问题是，这样没有梦的科学家们和工程师们也许会把自己的人性简单化，忽略真实的世界，忘了不同于"更快、更高、更强"的另外的生活状态。还是如同芒福德所指出的，尽管中世纪的神学已经衰微，但是现代人却以另外一种方式被排除在科学探索之外了，"人在试图理解大自然的能力时，往往将自己抽象化"，现在是肉体压倒了灵魂，"人在试图获取能力时将自身的所有特性都排除在外，仅留下其追求能力的决心"。①人文学科（humanities）这个词，它的意义在被现

---

① （美）刘易斯·芒福德：《技术与文明》，陈允明等译，北京：中国建筑工业出版社，2009年，第29页。

代学科窄化之前，有着远比今天丰富的含义，它不仅是一种只求臻于妙境的技艺，也不会简单地等同于对真理的探寻，更不是聪明人业余生活的饰品。一些数学家认为世界万物皆可以用他们之所学来描述，但是这并不能代替真实的生活；工程师习惯于以专业知识"解决"所有的问题。一部分人文学者最终也转化成了某种层面的科学家和工程师——比如以经济学家为代表的一部分社会科学家，可能越来越认同自己从事的是一种实证研究，他们最有代表性的呼吁就是"假如专家治国就好了……"或者"这个问题不如听我的"。可是，人类社会的问题真的可以被清晰描述和完美"解决"吗？那之后的人类世界将会是什么样子？

　　在这种情况下，一所理工科大学的科学文化的教育养成，也许变得更加困难了。因为科学思考的过程——极其困难——不再有可持续的意义。如果人们只看重科学研究的权威性、专业的门槛和完满的结果，那么这样的"科学"根本不适合有什么"文化"，如果有，也不过是光辉熠熠的王冠上可有可无的装饰品。在一个依然远称不上完美的世界里，试图为千差万别的每个人勾勒出一个"高级"秩序的存在，这种秩序对普通人而言却并不确定、不易理解，只会在短暂的高潮之后使他跌落低谷。"攀登科学高峰"的习惯说法，即使对于一部分高端人才也不是完全适用的——我们的一流大学，常常忘了统计"高峰"下的那些"沉默的大多数"的最终去向。

　　"人文学科"首先针对的是"人"——文艺复兴以来刚刚被发现的"人"，这样的"人"既富有不可思议的可能，也具有黑暗的一面和所有人性的弱点。什么时候我们的科学家和工程师们能够更多地理解现实社会，能够努力推动现实社会的发展，成为政治、经济、生产及其他社会关系中真实的一环，也许他们才会真正成为达·芬奇式的一流人物。

回首"科学文化"压倒一切之前的时代，人文主义者不会有跨学科的问题（他们是英文中所说的无所不能的"文艺复兴人"），也不再仅仅是"业余爱好"文学艺术（现代科学技术发展所需要的许多实用知识，可能直接来自艺术家们讨论的内容）。那个时代，就连大名鼎鼎的麻省理工学院的开端，也得益于富于自然哲学素养的头脑，研究技术科学的热望，伴生了波士顿地区一流的博物馆和人文学会的成立。出于某种前瞻，他们会相信，科学只是文化的一种，而不会成为与它等量齐观的东西，甚至于吞没后者。

（本文作者唐克扬系清华大学未来实验室首席研究员、建筑学院/美术学院博士生导师；本文首次发表于《中国科学报》2019 年 10 月 25 日第 5 版）

斯诺命题：催生"一个小小的产业"

潘　涛

　　何为有教养的人？没读过《战争与和平》的人不算是，不懂热力学第二定律的人同样不算。此为斯诺非常反感的一种不对称状况。剑桥大学英国文学、思想史教授斯蒂芬·科里尼在《两种文化》英文版（1998 年）再版"导言"里认为，斯诺为了说清所谓的"文化分裂"（cultural divide），"荒谬地"举了这个"臭名远扬"的例子，这后来甚至被写进了喜剧歌词①。要不是这个有点极端的例子，作为物理学家、教育家、作家的 C. P. 斯诺（C. P. Snow，1905—1980）恐怕不会那么容易被人们铭记至今，"两种文化"与"权力走廊"变成了斯诺的代称。"围绕着'两种文化'的思想（斯诺的名声主要源于此）展开的讨论和争论，几乎成为一个小小的产业。"

　　《两种文化》乃是斯诺 1956 年 10 月 6 日发表的一篇文章，指出传统文化（主要是人文文化）与科学文化（魔仆与泥人，是其两种意象②），这"两种文化"之间的裂隙愈益加深，它们之间的沟通愈益减少。此时反响寥寥。

---

　　① （英）C. P. 斯诺：《两种文化》，陈克艰、秦小虎译，上海：上海科学技术出版社，2003 年。

　　② 潘涛：《魔仆与泥人——什么不是科学》，杭州：浙江大学出版社，2020 年。

时隔 3 年的 1959 年 5 月 7 日，斯诺发表的瑞德演讲《两种文化与科学革命》，因再次尖锐提出"文化分裂"现象及其危害而闻名遐迩："这种对科学的不理解，比我们体会到的要普遍得多，它存在于传统文化之中，并且给整个'传统的'文化增添了非科学的味道，这种味道经常转变成为反科学的情绪，而且比我们所承认的要多得多。"

3 年后的 1962 年，F. R. 利维斯（1895—1978）"对斯诺及其讲演的恶毒攻击，引起了轰动"。2013 年，剑桥大学出版社出版了和斯诺对阵的利维斯的名篇《两种文化？——C. P. 斯诺的意义》，仍然由斯蒂芬·科里尼撰写了长篇"导言"（足足 51 页，恰好和《两种文化》英文单行本的篇幅相同）。

斯诺觉得自己陷于"巫师的徒弟"的境地，不得不对汹涌而至的"文章、评论、信件、赞扬和谴责"作出答复。他在《再谈两种文化》（1963 年）里表示深信能够缓解两极分化的文化之间交流困难的"第三种文化"必将来临。

果不其然，《第三种文化：洞察世界的新途径》于 1995 年出版，布罗克曼在其"导言"中指出，哈勃、冯·诺依曼、维纳、爱因斯坦、玻尔、海森伯、爱丁顿、金斯等被人文知识分子排除在外，原因似乎是科学在那个时代不是主流媒体的宠儿；科学如今已然成为"大众文化"，（诺贝尔奖之类的）科学大话题频繁占据媒体，宣称"第三种文化"正在浮现，"第三种文化的思想家就是新兴的大众知识分子"，"第三种文化的力量恰恰在于它能容忍异己"①。20 世纪 50 年代文人自称的"知识分子"，是不含科学家的。理查德·道金斯（第三种文化的代表人物之一）对此大为不满，他甚至认为，文人劫持了文化媒体，他们所说的"理论"，没科学什么事，仿佛"爱因斯坦没有理

① （美）布罗克曼：《第三种文化：洞察世界的新途径》，吕芳译，北京：中信出版社，2012 年。

论，达尔文没有理论"。

1993 年，在两种文化之争发祥地的英国，第二种文化的境遇是否有所改善？拉萨姆在《第二种文化：危机中的英国科学——科学家有话要说》中的看法是："如今，难得有几个文学家或其他非科学家会因为对科学知之甚少而感到羞愧。事实上，许多人似乎反倒以他们的无知（不把科学当文化，却视科学为反文化）而荒谬地自得。"

斯诺演讲 50 年后，其分析难免有点过时了，如今的自然科学家"为自己的研究所招来大笔大笔的金钱"，而社会科学家、人文学者拿到的资助则少得可怜。先前那种不对称，似乎反过来了，"创造了身份上的差别，侵蚀着分权原则"。谈及"意识"、"恐惧"和"记忆"，三个知识分子共同体（三种文化，三个语言共同体）的意思截然不同。[①]

1994 年，《高级迷信——学术左派及其关于科学的争论》（孙雍君、张锦志译，北京大学出版社，2008 年），引燃所谓"科学大战"。1996 年，物理学家索卡尔的"恶作剧"在《社会文本》上发表，再次引起轩然大波，"科学的实践者和科学的评论者是有可能找到共同语言的"[②]。

2007 年，《文学与科学学报》由英国加的夫大学科学人文机构创办。该刊一年两期，为同行评议的学术刊物，数字格式，开放获取，免费订阅。

2009 年，为纪念斯诺命题 50 周年，《科学美国人》杂志刊载了专文《C. P. 斯诺在纽约》，提及当年夏天在纽约举办的世界科学节。

60 年后回眸，围绕斯诺命题的"小小产业"，自然还包括专门研究

---

① （美）杰罗姆·凯根：《三种文化：21 世纪的自然科学、社会科学和人文学科》，王加丰、宋严萍译，上海：格致出版社，2014 年。

② （美）杰伊·A. 拉宾格尔、（英）哈里·柯林斯：《一种文化？——关于科学的对话》，张增一等译，上海：上海科技教育出版社，2017 年。

斯诺及其时代氛围的一系列出版物：博意廷克的《C. P. 斯诺：文献导引》（1980 年）、约翰·霍尔珀林的《C. P. 斯诺：口述传记》（1983年）、戴维·舒斯特曼的《C. P. 斯诺》（1976 年初版，1991 年再版）、约翰·德拉马瑟的《C. P. 斯诺与现代性之争》（1992 年）、特伦斯·刘易斯的《C. P. 斯诺作为 20 世纪中叶历史的〈陌生人与兄弟〉》（2009年）、盖伊·奥托兰诺的《两种文化之争：战后英国的科学、文学与文化政治》（2009 年）、尼古拉·斯特里德尔的《C. P. 斯诺：希望动力学》（2012 年）。2018 年 11 月 21 日，为纪念斯诺命题 60 年，剑桥大学出版社特意在线刊发沃特·梅西的文章《C. P. 斯诺与两种文化，60年后》。

旨在沟通文学与科学的英国文学与科学学会（The British Society for Literature and Science，简称 BSLS）于 2005 年成立。BSLS 每年除了召开学术年会，还有为期一天的冬季研讨会。2019 年 11 月 16 日的会议主题是"灭绝与反叛"。2014—2018 年的会议主题分别是"传授文学与科学""档案中的科学""文学与科学的政治""文学与科学中的隐喻""文学与科学的环境"。2020 年会议在线举行，无特定主题。2021—2023 年会议的主题分别是"去殖民文学与科学""地下的人类世""设想奇异生态"。BSLS 图书奖每年颁发。曾经主编《一种文化："科学与文学"文集》的乔治·列文，因其著作《现实主义、伦理学与世俗主义》而获得 2008 年 BSLS 图书奖。

第 17 届国际科学史大会于 1985 年 8 月在加利福尼亚大学伯克利分校召开，其间创建了文学与科学学会，后易名为"文学、科学与艺术学会"（Society for Literature，Science and the Arts，SLSA）。SLSA 设立了多个奖项，包括旅行奖、论文奖、图书奖、终身成就奖。列文获得 2012 年终身成就奖。2023 年 SLSA 年会，专门为不久前去世的布鲁诺·拉图尔（1947—2022）颁发了特别奖。

为表彰"那些能够在科学世界与人文世界之间架设桥梁的罕见人士——他们的声音和观念告诉我们关于科学之美学、哲学维度，不仅仅提供新的信息，而是引发反思，乃至启示"，美国洛克菲勒大学于1990年设立了一个国际性的科学写作奖——刘易斯·托马斯科学写作奖（Lewis Thomas Prize for Writing about Science），以美国著名作家、教育家、医学家、科学家刘易斯·托马斯（1913—1993，著有《细胞生命的礼赞》《最年轻的科学》《水母与蜗牛》）的名字命名，首届获奖者就是刘易斯·托马斯。

2015年3月，该奖项第一次颁给数学家伊恩·斯图尔特（著有《上帝掷骰子吗？》①《自然之数——数学想象的虚幻实境》②《骰子掷上帝吗？》）与斯蒂文·斯托盖兹，获奖作品《数学之乐、探求未知以及日常生活激发的其他论题》；2016年度获奖者肖恩·卡罗尔（著有《造就适者》），获奖作品《奇妙天才：跟莫诺和加缪一道探险》；2017年度获奖者西尔维娅·厄尔（著有《蓝色希望》，合著《世界是蓝色的》），获奖作品《可持续海洋：愿景，现实》；2018年度获奖者基普·S. 索恩（著有《星际穿越》《黑洞与时间弯曲》，指导电影《星际穿越》拍摄，获得2017年度诺贝尔物理学奖）；2019年度获奖者悉达多·穆克吉（著有《基因传》《医学的真相》），获奖作品《写作、医学与证词：作为人文学者的科学家》。

斯诺命题60年，所催生的N种文化的产业（图书、期刊、学会、

---

① （英）伊恩·斯图尔特：《上帝掷骰子吗？——混沌之数学》，潘涛译，上海：上海远东出版社，1995年；（英）伊恩·斯图尔特：《上帝掷骰子吗？——混沌之新数学》，潘涛译，上海：上海交通大学出版社，2016年。

② （英）伊恩·斯图尔特：《自然之数——数学想象的虚幻实境》，潘涛译，刘华杰校，上海：上海科学技术出版社，1996年。

奖项等），似乎颇有繁荣之势。

"他们将感到惭愧，他们只知道利用科技奇迹，并不理解，就像牛与植物学，牛只知道快乐地吃植物。"斯诺描述的"两种文化"问题，据说爱因斯坦只用一句话就解决了。

（本文作者潘涛系科学文化出版人；本文首次发表于《中国科学报》2019 年 11 月 1 日第 5 版）

融合"两种文化",提高全民科学文化素质

刘 立

美国公民具有科学素质的比例在过去几十年持续提高,从 1988 年的 10%上升到 2005 年的 28%。这似乎是美国公民科学素质达标率的"峰值",2016 年的调查结果仍保持在 28%。

美国公民科学素质的达标率在全球排名中名列前茅,居第三位,仅次于加拿大的 42%(2014 年)和瑞典的 35%(2005 年)。中国公民科学素质虽然达标率提升很快,2015 年为 6.2%,2018 年为 8.5%。第十二次中国公民科学素质抽样调查结果显示,2022 年中国公民具备科学素质的比例达 12.93%①。但必须正视,中国与发达国家还有很大的差距。

据调查,美国中学生在"科学技术工程和数学"(STEM)全球标准化考试中一直表现不佳。另一个现象是,在全球 34 个国家进行的是否接受生物进化论的调查中,美国成人排在倒数第二。那么,如何解释 2005 年美国公民科学素质就达到了 28%呢?

据科学素质研究国际权威米勒教授的研究,美国公民科学素质

---

① 新华社:《我国公民具备科学素质的比例达 12.93%》,2023 年 9 月 1 日,https://www.gov.cn/yaowen/liebiao/202309/content_6901485.htm。

高，一个重要的因素是，美国要求所有专业包括文科专业的大学生必须学习一年的科学课程，方能拿到学士学位。这是美国大学为弥补"两种文化"鸿沟而采取的具体措施。

大家知道，斯诺在剑桥大学发表"两种文化"的演讲并出版《两种文化》，指出牛津大学和剑桥大学缺乏通识教育。斯诺认为所有接受过高等教育的人，理工科生应知道"莎士比亚"，文科生应知道"热力学第二定律"。美国大学践行了融合"两种文化"的理念，尤其是为弥补文科专业学生的科学短板，要求所有专业的大学生都必须接受一年的科学通识教育。

实际上，美国公民科学素质水平高还有其他原因。比如，自第二次世界大战结束以后的 70 多年中，美国人接受非正规成人教育的机会大大提高了。同时，美国人通过电视和互联网接触科学信息的机会呈几何级数增长了，科普图书的销售量也在不断提高。这些非正规学习资源的充足供给，也是美国公民科学素质提升的重要原因。

另外，还有一些因素促使美国公民从正规学校教育结束之后，继续接受非正规教育。比如，美国公民和家庭更加关注健康了，从而提高了包括健康素质在内的整体科学素质。有研究表明，癌症患者变得更关注生命科学和医学方面的信息。另一个因素是职业发展的要求，当今有很多职业都与科学技术工程有关，为了延长职业生涯就必须接触更多的科技信息。此外，为了教育孩子、辅导孩子完成家庭作业、回答孩子的问题，父母需要学习更多的科技知识，带孩子去科技博物馆和科学中心（并在那里享受愉悦的家庭生活）。

最后，还有公共政策方面的因素，比如关于核电、转基因、干细胞、纳米技术、气候变化的参与式民主政策讨论，也带动了美国成人继续学习科技方面的知识。

我国公民科学素质达标率在 2018 年约为 8.5%。2018 年，大学本科及以上文化程度公民具备科学素质的比例达到 37.13%（即约 63%未达标），大学专科文化程度公民具备科学素质的比例为 17.83%（即约 82%未达标）[①]。

其中的原因是多方面的，包括很多文科专业的学生在大学未选修科学类通识课程或者选修的数量太少。某些大学要求文科生要学"科学技术概论"或"科学技术史"等通识课程，有助于提高文科生的科学文化素质。

我国一些大学把"通识教育"片面地理解为理工科学生都必须学习文科课程，读"四书五经"，学"琴棋书画"，这就有些狭隘了。其实，应当增加科学类通识课程，包括"科学技术与社会"（STS）或类似课程。

综合美国和中国两个方面的情况看，中国要大力提高公民科学文化素质和国家整体的科学文化素质，应该加强文理两个方面的通识教育，其中包括要求文科生学习一些科学方面的通识课程。

（本文作者刘立系中国科学技术大学马克思主义学院教授；本文首次发表于《中国科学报》2019 年 11 月 8 日第 5 版）

---

① 全国科学素质纲要实施办公室、中国科普研究所：《2018 中国公民科学素质调查主要结果》，https://www.crsp.org.cn/cms_files/filemanager/zgkps/uploads/soft/180919/1-1P919200S4.pdf。

两种文化，还是两种价值？

田　松

　　近期两种文化的话题重新提起，C. P. 斯诺又被引用了若干次，这才意识到，2019 年是斯诺发表那个著名的瑞德演讲的 60 周年。2003年，当《两种文化》上海科学技术出版社版问世的时候，我曾经写过一篇文章——《科学文化：回归斯诺与超越斯诺》。其中引用了英文版导言作者斯蒂芬·科里尼的一段话：

　　　　第一，他像发射导弹一样发射出一个词，不，应该说是一个"概念"，从此不可阻挡地在国际间传播开来；第二，他阐述了一个问题（后来化成为若干问题），现代社会里任何有头脑的观察家都不能回避；第三，他引发了一场争论，其范围之广、持续时间之长、程度之激烈，可以说都异乎寻常。[①]

　　这个概括比较平和，也算准确。"科学文化"这个概念已经进入了词典，所引发的争论延续至今，隔一段时间就掀起一个小高潮。

---

　　① （英）C. P. 斯诺：《两种文化》导言，陈克艰、秦小虎译，上海：上海科学技术出版社，2003 年，第 1—2 页。

一

目前常见的表述是，斯诺指出了科学文化与人文文化这两种文化的分裂，所以才会有人主张弥合裂口、搭建桥梁。这种说法在当时就引起了批评。最著名的批评者是同在剑桥大学的文学批评家利维斯（Frank Raymond Leavis）。

1962 年，利维斯在唐宁学院的里士满讲坛发表了一个言辞激烈的演讲。我尚未读过利维斯的原文，只见过 2003 年版《两种文化》导言作者的转述。2018 年又看到清华大学外国语言文学系曹莉教授的文章《两种文化？C. P. 斯诺的意义：回顾与思辨》①，值得大段引用。

> 在利维斯看来，斯诺对在文学、文化和历史方面的无知使他没有资格以一个权威人士的口吻来谈文化。由于缺少常识和自知之明，斯诺提出的两种文化是一个"伪命题"；只有一种文化（科学是其中的一部分），那就是一个民族经由语言集体创造的生生不息的文化传统，具有想象力和创造性的文学是其最高范式。将第二热力学定律等科学专业问题与莎士比亚等文化常识问题相提并论是荒唐可笑的。

简而言之，利维斯指出了两点：其一，这是一个伪命题；其二，斯诺没有能力和资格讨论他所提出的问题。

今天在很多人看来，斯诺是跨界高手，又是科学家，又是小说家，最有资格讨论这个话题。不过，这两个"家"在很大程度上是后人建构的，尤其是中国人，把 scientist 翻译成了科学家，就抬高了视角。而在斯诺的同时代人看来，他不过是一个平常平庸的科学工作

---

① 该文发表于《杭州师范大学学报（社会科学版）》2018 年第 6 期，第 49—58 页。

者，并未作出多么了不起的贡献。至于他的小说，在利维斯这位文学批评家看来，还未入门。利维斯说：

> 斯诺充其量是一位现代工业文明生长出来的新型"文化"的代表，他代表一种现代文明的征兆，一个用外在的、物质的和机械的文明来围剿和摧毁内在的精神文化的反面教材。他的"瑞德讲坛"演讲无非是借"两种文化"之名，行科学主义、大众文化和技术边沁主义之实。①

所谓时势造英雄，斯诺在他的瑞德演讲之后，声名日长，声播海外，获得了诸多荣誉学位。一个僭越者成了文化权威，一个伪命题成了学术热点，利维斯看了三年，终于出手。曹莉教授说：

> 最令利维斯不安的是 20 世纪文明的堕落——一个造就了斯诺又转而将他"接受"和"创造"为"一个知识的权威"的 20 世纪文明，无疑进一步从事物的反面揭示出斯诺的意义和斯诺的重要性——斯诺的无知实际上是 20 世纪英国全社会的无知、斯诺的功利是英国 20 世纪全社会的功利，这在有文化的 19 世纪是不可想象的。

国无良士，便使竖子成名。利维斯很像是堂吉诃德，他明明知道，成就斯诺的是那个时代，那么，他挑战斯诺，其实是在挑战那个时代；他批评斯诺，其实是批评芸芸众生，批评斯诺的追随者。所以，这是一场注定失败的战斗。曹莉教授写道：

> 令人遗憾的是，里士满演讲发表后，学界聚焦更多的是

---

① 转引自曹莉：《两种文化？C. P. 斯诺的意义：回顾与思辨》，《杭州师范大学学报（社会科学版）》2018 年第 6 期，第 49—58 页。

利维斯用词带有人身攻击的尖刻态度，而不是斯诺命题的真伪和是非。利维斯甚至被扣上了为了文学而反对科学的帽子。更令人沮丧的是，他对斯诺的严厉谴责被视为两种文化冲突和分裂的实证。随着争论的继续，斯诺和利维斯分别成为自然科学和人文学科两大阵营的典型代表。

如果利维斯对这个结果气急败坏，我一点儿也不意外。他本来是要灭火，却在火上浇了一桶油。他的批判反而成了对方的例证，这当然也是时代的问题。

沿至今日，斯诺的瑞德演讲影响深远，两种文化几乎成了日常话语，而利维斯的里士满演讲，则知者寥寥。倘若利维斯重生，他会发现今天更是斯诺的时代。

二

同样的事情早就在中国发生过了，那就是 20 世纪 20 年代的科玄论战。玄学派说，科学不能解决人生观的问题；科学派则宣称要建立科学的人生观。摩登的科学派在当时就获得了压倒性的胜利。沿至今天，在大众语境下，说起那场论战，人们津津乐道的也是科学派的胜利。至于玄学派，一看这名号就会让人联系起封建迷信，嗤之以鼻。只有少数学者会重温学衡派的思想。

回过头来看我 2003 年的文章，对斯诺的评价竟然就是有所保留的。到了今天，我更愿意接受利维斯的观点：不存在两种文化，只有一种文化。在我看来，与其说斯诺阐述了一个问题，不如说他建构了一个问题；与其说他描述了一个现象，不如说他制造了一个现象；与其说他提倡了一种文化，不如说他是在主张一种价值。

回到斯诺那个时代，社会意识中只有一种文化，那就是利维斯所说的文化，玄学派所说的文化，它要"为天地立心，为生民立命，为往圣继绝学，为万世开太平"，它的永恒问题与核心问题是"为什么"：人为什么活着，社会为什么存在，人类为什么存在……个人与社会对于未来的构想，是建立在对这些终极问题的回答之上的；人与社会的基本价值观，也是建构在这样的文化之上的。而文化的代表，当然就是作家、艺术家和人文知识分子。

与此同时，在社会生活中，建制化了的科学和技术已经获得了越来越高的结构性地位。没有科学家、工程师，能造出来火车、轮船吗？能造出来飞机、大炮吗？当然不能！尤其是经过了两次世界大战之后，社会不仅仅建构在当下的科学和技术之上，而且建构在未来的科学和技术之上。于是，科学家和工程师获得了关于未来的话语权——未来的社会是什么样子，取决于我们今天发明了什么样的科学和技术。

在斯诺的时代，对于这些发明，大多数人文学者是无知无视的。然而，这些无知无视科学发明的人，却是文化上的权威。并且，在这些文化权威看来，大多数科学工作者和工程师，是文化不高的。他们能够发明出一个又一个这个世界从未有过的东西，制造出一个又一个威力巨大的武器，但是对于人为什么活着这类问题，他们没有深入地思考过。他们知道怎样造桥，却不去反思为什么造桥。他们知道怎样造炸药，却不去反思为什么造炸药……对于这样的鄙视，科学家和工程师感到委屈，并且不服，在他们看来，这些人文学者无非就是写诗、唱歌、讲故事，想一些没有用的问题。

这时，斯诺出现了。斯诺告诉他们：文化不止有一种，你们代表着另一种文化，这种文化叫科学文化，如果再有人鄙视你们，问你看

过莎士比亚吗？你就算是没有看过，也不用自卑，而是要理直气壮地
反问：你知道热力学第二定律吗？

斯诺这种说法，当然会受到广大科学工作者和工程师的欢迎——
原来我们掌握的这些东西就是文化！原来我们也是文化人！原来我们
是文化权威！我们代表着另一种文化！

三

一位著名的公知在 1937 年说：

> 我们的时代在这方面远超往昔：科学研究硕果累累，技
> 术应用日新月异。谁能不为此欢欣鼓舞？但是请别忘记，仅
> 靠知识和技艺不足以让人类过上幸福而有尊严的生活。人类
> 完全有理由把高尚道德标准的践行者置于客观真理的发现者
> 之上。在我看来，佛陀、摩西、耶稣的贡献比所有才智之士
> 加在一起的贡献还要大。①

在这位公知看来，科学和技术固然值得赞美，但单凭它们，不足
以让人生活得幸福而有尊严。在他看来，"高尚道德标准的践行者"要
比科学家——"客观真理的发现者"——重要得多。我能够想象，这
种说法在今天会招来多少板砖。如果谁把这话贴在微博上，会不会被
某些人斥为神棍？但是，我之所以特别要引用这段话，是因为这位公
知的名字是爱因斯坦。

同样在 1937 年，爱因斯坦还说：

----

① （美）海伦·杜卡斯、巴纳希·霍夫曼：《爱因斯坦谈人生》，李宏昀译，上海：复旦大学
出版社，2013 年，第 84 页。

一切宗教、艺术和科学都是同一株树的各个分枝。所有这些志向都是为着使人类的生活趋于高尚，把它从单纯的生理上的生存的境界提高，并且把个人导向自由。①

身为科学家，爱因斯坦并不认为科学能够独立于文化之外，成为一种独立的文化。在这一点上，爱因斯坦与利维斯是一致的。科学只是文化之树的枝枒。而文化之树，则要使人类向善，把人从单纯的物欲中提升出来。科学这个枝枒要为这个终极之善服务，才算是文化。否则，便是反文化。

但是，到了1959年，斯诺把科学这根枝枒给掰了下来，插接出苗了。科学自立文化门户，竖起科学文化的大旗。而以往的那个文化之树，则被指称为人文文化。仿佛真的有两种并列的文化，并且分裂了。

近代科学的创始人（之一）伽利略在科学之权上做过这样一个努力，不去问"为什么"，而是关心"怎么样"。亚里士多德关心物体"为什么"下落，他给出了诸如目的因、形式因之类的解释。伽利略则关心物体"怎么样"下落，得到自由落体定律，给出了下落高度与下落时间的数学关系。至此，科学家放下了对于"为什么"的终极问题的追问，致力于寻找"怎么样"的数学关系——由形而上的道，转向形而下的术。

当科学被奉为一种独立的文化之后，术便成了道。人一旦以术为道，道便不复存在。他们以发明出一个又一个神奇的、世界上从未有过的东西而感到荣耀，如原子弹、滴滴涕（DDT）、基因编辑……而不去追问这些活动能否"使人类的生活趋于高尚"，他们辩护的理由更多的是这些新事物如何能够满足"生理上的生存"，并且认为这就是文

① （美）爱因斯坦：《爱因斯坦文集》第三卷，许良英、赵中立、张宣三编译，北京：商务印书馆，1979年，第149页。

化。进而，人们把科学发展本身当作目的，不接受对科学的任何约束。比如某些人认为，科学突破伦理是理所应该的，伦理约束科学则是有害的。

斯诺完成了一场科学对文化的反叛，实现了科学对文化的僭越。利维斯对文化的捍卫，只是一场徒劳。

四

现在，硝烟散去，只见科学文化的大旗漫山遍野，猎猎飘扬。城头变幻大王旗，世界已经变了。

这场变化的后果，用美国社会学家尼尔·波兹曼（Neil Postman）的话说，就是他的一本小书《技术垄断》的副标题——"文化向技术投降"；用法国哲学家让-弗朗索瓦·利奥塔（Jean-Francois Lyotard）的话说，则是"文科已死"。

曾经作为文化代表与象征的人文学术，正在按照当下科学活动的范式被改造着。人文学者沉没在一个个分割精细的领域中，不再承担对社会生活进行整体反思的人文使命。今天的科学，不再是爱因斯坦的科学；今天的人文，也不再是利维斯的人文。

（本文作者田松系南方科技大学人文社会科学学院教授；本文首次发表于《中国科学报》2019 年 11 月 15 日第 5 版）

下　　编

"科玄论战"百年祭

刘 钝

一、缘 起

1923 年 2 月 14 日,学者张君劢应邀到清华学校(清华大学前身)演讲,听众主要是即将赴美学习理工专业的留学生。

演讲的主题是"人生观",要点是说明科学与人生观的五点差异,即科学是客观的而人生观是主观的、科学为推理支配而人生观由直觉主导、科学重分析而人生观重综合、科学服从因果律而人生观遵从自由意志、科学致力于想象的统一性而人生观源于人格之单一性。结论是"科学无论如何发达,而人生观问题之解决,决非科学所能为力,惟赖诸人类之自身而已"[①]。演讲稿整理后发表于当年的《清华周刊》272 号。

张君劢的说辞引起地质学家丁文江(字在君)的反感,两人当面激辩两个小时也没有结果。后者遂于是年 4 月 12 日写了一篇题为《玄学与科学——评张君劢的〈人生观〉》的文章,文辞激烈,用语尖刻,

---

[①] 张君劢:《人生观》,载张君劢、丁文江等:《科学与人生观》,济南:山东人民出版社,1997 年,第 38 页。

登在《努力周报》48 期和 49 期上。丁文江批评张君劢"西方为物质文明，中国为精神文明"的肤浅说法，指出："至于东西洋的文化，也决不是所谓物质文明、精神文明，这种笼统的名词所能概括的。"文章最后说："'主观的、直觉的、综合的、自由意志的、单一性的'人生观是建筑在很松散的泥沙之上，是经不起风吹雨打的。我们不要上他的当！"①

"科玄论战"由此开启。

随后张、丁二人又分别发表长文《再论人生观与科学并答丁在君》《玄学与科学——答张君劢》，进一步阐述自己的观点并批驳对方，战火愈演愈烈。

二、众将与主帅

到 1924 年夏天，短短的一年多时间里，陆续参加论战的学者有将近 30 人。

"科学"阵营一边的有胡适、任鸿隽、孙伏园、章演存、朱经农、王星拱、唐钺、吴稚晖、陆志韦，以及署名穆、颂皋的作者；"玄学"阵营一边的代表有梁启超、张东荪、甘蛰仙、屠孝实、王平陵、林宰平、瞿菊农等。就中国当时思想界的状况而论，前者大多属于自由主义知识分子，后者则倾向于文化保守主义。如果说丁文江、张君劢是两军的先锋，双方的主帅无疑就是胡适和梁启超了。

正在两派打得不可开交之际，斜刺里杀出一彪人马，为首大将是陈独秀，紧随其后的有瞿秋白、邓中夏、萧楚女等。他们"左劈右

---

① 丁文江：《玄学与科学——评张君劢的〈人生观〉》，载张君劢、丁文江等：《科学与人生观》，济南：山东人民出版社，1997 年，第 54、60 页。

砍",借助马克思主义唯物史观两面作战。但是就"科学"与"玄学"
的争论来说,秉承科学进步理念的这一派,大致属于"科学"阵营。

有些参与讨论的人物身份不是那么明朗,如谢国馨、陈大齐、张
颜海。还有一些特立独行的人物,从其言论来看很难归于哪一派,但
他们的意见在今日看来显得十分可贵。

例如,被陈独秀讥为"骑墙派"的范寿康,在批评张君劢将人生
观与科学完全分离"未免过于超绝事实"的同时,对丁文江等人"看
人类直同机械一样"的见解"也不敢表示赞同"①。

身为"科学"阵营的中坚分子,任鸿隽(字叔永)指出:"张君是
不曾学过科学的人,不明白科学的性质,倒也罢了,丁君乃研究地质
的科学家,偏要拿科学来和张君的人生观捣乱,真是'牛头不对马
嘴'了。"②结论是"科学有他的限界,凡拢统浑沌的思想,或未经分
析的事实,都非科学所能支配……人生观若就是一个拢统的观念,自
然不在科学范围以内"③。

王平陵反对滥用"玄学",认为这场辩论应该叫作"科哲之战",
指出"科学进步,则哲学亦必进步;哲学发达,则科学亦必有同样的
发达,两者各尽其职能,于是人生便得完全的进步了"④。

---

① 范寿康:《评所谓"科学与玄学之争"》,载张君劢、丁文江等:《科学与人生观》,济南:
山东人民出版社,1997年,第322页。
② 任叔永:《人生观的科学或科学的人生观》,载张君劢、丁文江等:《科学与人生观》,济
南:山东人民出版社,1997年,第127页。
③ 任叔永:《人生观的科学或科学的人生观》,载张君劢、丁文江等:《科学与人生观》,济
南:山东人民出版社,1997年,第131页。
④ 王平陵:《"科哲之战"的尾声》,载张君劢、丁文江等:《科学与人生观》,济南:山东人
民出版社,1997年,第303页。

三、"玄学"之辩

玄学是魏晋时期出现的一股哲学思潮，"玄"字源于《老子》"玄之又玄，众妙之门"，玄学的特点是立言玄妙，行事旷达，旨在从本体论上调和自然与名教。后世则把浮夸虚渺的清谈风气视为玄学，带有很强的贬义。

丁文江在文章起首就称"玄学真是个无赖鬼——在欧洲鬼混了二千多年，到近来渐渐没有地方混饭吃，忽然装起假幌子，挂起新招牌，大摇大摆的跑到中国来招摇撞骗"[①]。后文干脆直接点名称张君劢为"玄学鬼"。丁氏笔下的"玄学"，显然不是何晏、王弼等人的思想主张和竹林七贤的行为艺术。

什么是丁文江意指的"玄学"呢？他自己在文章第四部分给了明确的交代："玄学（Metaphysics）这个名词，是纂辑亚列（里）士多德遗书的安德龙聂克士（Andronicus）造出来的。"下面话锋一转，说广义的玄学在中世纪与神学始终没有分家，伽利略研究天体运动的时候，反对者正是"玄学的代表"（即罗马天主教神学家）；及至"向来属于玄学的宇宙"被科学抢去，"玄学家"又以"活的东西不能以一例相绳（意无法按规律呈现和表述）"与科学抗衡，"无奈达尔文不知趣"作了一部《物种起源》，"生物学又变做科学了"[②]。文虽机巧生动，所云"玄学"却大大超出了张君劢原意的人生观。

好在今日懂英文的国人远多于 100 年前，metaphysics 字面的意思就是"物理学之后"，这里的"物理学"并非"伽利略"们研究的那门

---

① 丁文江：《玄学与科学——评张君劢的〈人生观〉》，载张君劢、丁文江等：《科学与人生观》，济南：山东人民出版社，1997 年，第 41 页。

② 丁文江：《玄学与科学——评张君劢的〈人生观〉》，载张君劢、丁文江等：《科学与人生观》，济南：山东人民出版社，1997 年，第 50—51 页。

精密科学，而专指亚里士多德有关自然知识的一部同名著作，后来 metaphysics 这个词被法国哲学家与科学家笛卡尔用来专门指称"第一哲学"，主要包括本体论和认识论两方面，所谓人生观就属于本体论的一部分。

日本明治时代哲学家井上哲次郎借用《易经》"形而上者谓之道，形而下者谓之器"的说法，将其译作"形而上学"。严复不满意他的翻译，曾经倡用"玄学"取而代之，但是没有被人接受。所以说，"科玄之争"的说法不够准确，有人提议改称"科哲之战"是有道理的，不过前说早已约定俗成，本文还是循例沿用。

四、时代背景

"科玄论战"发生的时候，正值中国近代社会转型的关键时期，虽然不同派系的军阀混战不断，但毕竟帝制倾覆，党派政治初露头角，民族资本主义开始发展，新闻、出版、教育和思想文化界也出现了相对的繁荣景象。以 10 年为限，对"科玄论战"产生影响的重大事件共有四桩，四者之间也不无联系。

第一桩是 1914—1918 年欧洲发生的第一次世界大战。在 4 年多的时间里，大约有 7000 万人被卷入战争，数千万人在机器绞杀和炸弹或毒气中伤亡，原本世界上最繁荣富庶的地区一下子尸横遍野。面对战后满目疮痍的惨状，一些知识分子开始反思科学与技术对社会的影响，追问它们给人类带来的是福音还是灾难。

1918 年底，梁启超以非正式顾问身份赴欧洲观察巴黎和会，随员中就有张君劢等人。他们取道海路于 1919 年 2 月 11 日抵达伦敦，与先期到达的丁文江、徐新六会合，18 日抵达巴黎。和会期间中国外交蒙羞，国内爆发五四运动。梁启超等人游历欧洲多国，并会见了柏格森（Henri Bergson）、奥伊肯（Rudolf Eucken，旧译倭铿）等西方哲学家，回国后写了《欧游心影录》，1920 年 3 月首先发表在上海《时事新报》上。该书指出西方文化中的进化论、功利主义和强权意志学说导致欧洲陷入权力崇拜，迷信"科学万能"动摇了宗教与道德的基础，认为国人应该从中吸取教训，实事求是地看待东西文化的优劣短长。

第二桩是 1915 年开始的新文化运动。这年 9 月 15 日陈独秀在上海创办《青年杂志》，后更名为《新青年》并于 1917 年初迁至北京，与蔡元培任校长的北京大学一道成为新文化运动的主要阵地。当时的进步知识分子团结在《新青年》周围，高举科学与民主两面大旗，喊出"打倒孔家店"的口号，向封建传统思想发起全面的冲击。1917 年胡适等人又祭起"文学革命"大旗，提倡白话文，主张废除文言文。1919 年傅斯年、罗家伦等五四运动中涌现出来的学生领袖创办了《新潮》，继续推进"文学革命"。

1922 年胡适退出《新青年》编辑部，创办了《努力周报》，旗下聚集了一批志同道合的自由派知识青年，寄望于"好人政府"，鼓吹资产阶级改良主义，同时继续批评北洋政府与帝国主义列强，呼吁"国民要不畏阻力、不畏武力，为中国再造而努力奋斗"。

与此同时，文化保守主义者们则于 1919 年创办了《解放与改造》（后改名《改造》），主要撰稿人有梁启超、张东荪、张君劢等。1922年，另有一批以"新保守主义"标榜的欧美留学生创办了《学衡》杂志，奉美国哈佛大学教授白璧德（Irving Babbitt）为导师，坚守文化道统的同时，提倡以"人的法则"取代"物的法则"的新人文主义。

第三桩是 1917 年俄国的十月革命。李大钊、陈独秀等人以《新青年》《每周评论》为阵地传播马克思主义，宣传历史唯物论与辩证唯物论。马克思主义者相信，社会发展的规律如同大自然的规律一样都是确定的和可以认识的。在马克思主义经典作家（及黑格尔）那里，"辩证法"作为"形而上学"的对立面出现，而后者是静止的、孤立的、片面的思维方式的代名词，与 metaphysics 的本来意义相距甚遥，可惜这一误会至今还未被消除。

第四桩是 1919 年的五四运动。为抗议巴黎和会对中国主权的损害与北洋政府的妥协，北京学生走上街头游行和请愿，工人、市民、商人纷纷加入，不久抗议浪潮席卷全国。"五四新青年"们高扬爱国、科学与民主的旗帜，承负启蒙与救亡的使命，成为中国民众觉醒的重要标志。

五、思　想　渊　源

有趣的是，论战双方的先锋丁文江和张君劢生于同一年——1887年，早年皆获清廷功名，后来又都有留学海外的经历。

张君劢 15 岁中秀才，19 岁入日本早稻田大学政治经济科学习，回国后通过清政府的鉴定考试被授翰林院庶吉士，1913 年赴德留学 3年，师从柏林大学奥伊肯学习哲学。

丁文江 15 岁东渡日本，两年后转赴英国，先后在剑桥大学与格拉斯哥大学攻读动物学和地质学，1911 年回国后被垮台前夕的清廷赐了个格致科进士头衔，1916 年创办地质调查所并自任所长。

1918—1919 年丁、张二人随梁启超访欧时还有过同居一室的经历，"科玄论战"期间他们也曾多次见面乃至聚餐。丁氏虽然行文尖刻，在第二篇《玄学与科学——答张君劢》的最后还俏皮地说："我再三向君劢赔罪道：'小兄弟向来是顽皮惯的，请你不要生气！'"①

有人总结两位"海归"的思想渊源和倾向，归纳出如下的对局（前者为丁文江的，后者为张君劢的）：洛克的经验论（Lockian Empiricism）对抗康德的二元论（Kantian Dualism）、马赫–皮尔逊的认识论（Mach-Pearsonian Epistomology）对抗德里施的活力论（Drieschean Vitalism）、赫胥黎的不可知论（Huxleyean Agnosticism）对抗奥伊肯的唯心论（Euckenian Spiritualism）②。

纵观整个论战，也许还可以补充一些对抗的图景，例如拉普拉斯的决定论（Laplacian Determinism）对抗柏格森的生命冲动论、孔多塞（Condorcet）的科学进步论对抗斯宾格勒（Oswald Spengler）的历史循环论；马克思主义者参与论战后，还有历史唯物论和辩证唯物论对抗形形色色的唯心论等。

细检参与论战双方的"将士"，绝大多数是文史哲政经方面的学者："玄学"那边不用说，就是站在"科学"阵营这边的，除了丁文江学地质、王星拱和任鸿隽学化学、胡适学过农学、陆志韦和唐钺研习的实验心理学可以算作"科学"之外，其余诸位也都是文科人士。

不过近代欧美名校的"文科"训练并非诵经做八股，而是践行博雅教育理念，重在培养具备综合文化修养的人才。以胡适为例，他先入美国康奈尔大学习农学，继而转哥伦比亚大学学习哲学，服膺并终生奉行导师杜威（John Dewey）的实用主义哲学，对西方科学与哲学的发展脉络都有相当的了解，政治上则推崇西方的自由主义。

① 丁文江：《玄学与科学——答张君劢》，载张君劢、丁文江等：《科学与人生观》，济南：山东人民出版社，1997年，第210页。

② 罗志希：《科学与玄学》，北京：商务印书馆，1999年，第11页。

六、政治谱系

辛亥革命胜利之后，1912 年成立的国民党成为中国政治舞台上的一支重要力量。早期国民党的成分十分复杂，既有追随孙中山推翻清廷的老同盟会成员，也有李石曾、吴稚晖等无政府主义者，还有形形色色的野心家和投机分子，更多的则是积极投身反帝反封建斗争的热血青年。1927 年北伐胜利之后，国民党成为一家独大的执政党。以蔡元培、胡适为代表的自由派知识分子，在多数场合采取与执政党合作的立场。

1921 年成立的中国共产党，在反帝反封建和建立独立富强国家的大方向上，与国民党是一致的。直到北伐战争前期，国共两党一直是政治盟友，也可以说都是革命党。在 1923 年至 1924 年的"科玄论战"中，共产党人与自由派知识分子在捍卫科学的尊严、批判复古倒退这一点上，是同声相应、同气相求的。

"玄学"派的情况比较复杂。戊戌变法失败后，梁启超流亡日本，鼓吹君主立宪和"开明专制"。由于接触了一些西方近代思想，他开始与主张尊孔复辟的康有为分道扬镳，加上其人学问淹博、笔力雄健，在民国初年的知识界比"康圣人"有更大的影响。他又有强烈的政治抱负，1913 年发起组织的进步党后来演变成宪法研究会（通称"研究系"），中国代表团在巴黎和会受辱的消息就是他通过研究系的"大将"林长民透露出来，从而引爆五四学潮的。

1920 年梁启超访欧回来后又组织了共学社和讲学社。前者是一个没有明确政治纲领的民间学术社团；后者旨在邀请国外著名学者来华讲学，重在开启民智。从进步党、研究系到共学社、讲学社，张君劢和张东荪都是梁启超的紧密追随者，在 20 世纪三四十年代也都是"第三种力量”的重要代表。但是梁氏曾为“保皇党”的原罪很难消弭，在“五四新青年”眼中他们都是保守派和反动派。

因此当年的“科玄论战”多少带有党争色彩。今日中国思想界的三种主要思潮——马克思主义、自由主义和文化保守主义，在“科玄论战”中亦可觅到踪影。

七、谁是赢家

在很长一段时间（及当代语境中），多数人习惯按照“进步/落后”或“革命/反动”的二分框架判别是非，结论是“科学”派大获全胜，“玄学”派丢盔弃甲。就像胡适在《孙行者与张君劢》中所言，科学和逻辑是“如来佛”，“玄学”再翻多少跟头也逃不出他的掌心。

“玄学”派把战争对欧洲文明的重挫归咎于科学与物质文明，显然是李代桃僵，胡适的上述比喻却露出“科学万能论”的底牌，在思想的深度上并没有本质的超越。难怪陈独秀要感叹，“只可惜一班攻击张君劢、梁启超的人们，表面上好像是得了胜利，其实并未攻破敌人的大本营，不过打散了几个支队，有的还是表面上在那里开战，暗中却已投降了”①。这真是一个讽刺味十足的判断。

诚如李泽厚先生所言，“如果纯从学术角度看，玄学派所提出的问题和所作的某些（只是某些）基本论断，例如认为科学并不能解决人生问题，价值判断与事实判断有根本的区别，心理、生物特别是历史、社会领域与无机世界的因果领域有性质的不同，以及对非理性因素的重视和强调等等，比起科学派虽乐观却简单的决定论的论点论证

---

① 陈独秀：《〈科学与人生观〉序》，载张君劢、丁文江等：《科学与人生观》，济南：山东人民出版社，1997年，第1页。

要远为深刻，它更符合于二十世纪的思潮"①。

科学能解决人生观吗？如果仅就张君劢提出的这一问题来说，"科学"派没有胜算，也没有一位学者给出了全面和令人信服的肯定答案。

但是"五四新青年"们自恃有强大的资本，他们挟社会革命与思想解放的狂飙，以"科学"和"民主"为武器向旧制度和旧传统宣战。面对神州沉沦的现实和各种新潮思想的涌入，他们坚信科学将给人类带来永恒的福祉。在他们眼中，对科学的任何微词都无异于挑衅五四运动张扬的旗帜，必须迎头痛击。

就"玄学"阵营而言，他们实在是生不逢时，谈心论性与中国当时的严酷现实存在太大的反差，质疑科学的适用尺度不啻反对科学。结果是，这场有着诸多顶尖思想家和学者参与、本来可以成为更高水准理论交锋的"科玄论战"，未能达到塑造更具前瞻性文化形态的效果，隐身其后的涉及物质文明与价值判断的深刻意义，没有也不可能引起国人的充分注意。

在一片政局动荡、民生无保、普通百姓不识"赛先生"为何方神圣的土地上，"科玄论战"是一场有些超前的思想碰撞，撞出了火花，但没有赢家。

八、意义和影响

没有赢家不等于没有意义。丁文江挑起争论功不可没，他借用"玄学"这个词将论辩范围扩大好多倍，引出了这场众多学术达人参与的大论战。论战的焦点已经不单是科学与人生观，还涉及科学与哲

---

① 李泽厚：《中国现代思想史论》，《李泽厚十年集（第三卷·中）》，合肥：安徽文艺出版社，1994年，第62页。

学、理性与直觉、客观事实与价值判断、物质与精神、科学与人文之间的复杂关系。

"对于中国来说，传统文化从本质上讲是一种人文文化，西方意义上的科学精神相对匮乏，因而中国历史上也就较少西方那样对科学的顶礼膜拜。然而两种文化的冲突在本世纪的中国也出现了另一极端：例如对于 1923 年那场'科玄大战'，从受到'五四'影响的新青年到当代思想文化界的主流舆论，无不对'玄学鬼'们嗤之以鼻，却很少有人认真思考过仅靠科学是否可以解决人生观的问题。"

以上妄言出自我 2000 年写的一篇小文《科学史、科技战略和创新文化》①，之后又在不同场合多次宣扬此意。尽管"两种文化"的命题是 1959 年才由英国学者斯诺（C. P. Snow）正式提出来，但"科学文化"与"人文文化"的割裂却由来已久。文艺复兴时期的佛罗伦萨（诗人、画家）对帕多瓦（医生、科学家），启蒙运动时代的卢梭对伏尔泰，18—19 世纪欧洲的浪漫主义对理性主义、功利主义和经验主义，维多利亚时代的阿诺德对赫胥黎（参见拙文《"两种文化"的前世渊源》，《中国科学报》2019 年 4 月 19 日），都可以说是"斯诺命题"的先声，只是没有人用斯诺那种图谱式的清晰命题表达出来而已。能够在"两种文化"的视野下审视"科玄论战"，这一事实本身就彰显了那场思想论战的意义。

1965 年，美籍华裔学者郭颖颐写了一本《中国现代思想中的唯科学主义（1900—1950）》，其中着力分析的事例就是"科玄论战"。他认为，无论是自由派知识分子、无政府主义者，还是马克思主义者，"科学"阵营中的许多辩词都带有强烈的唯科学主义倾向，这种倾向后来对中国现代社会产生了深刻影响。

---

① 该文于 2000 年发表于《自然辩证法通讯》第 22 卷第 1 期，第 4—6 页。

唯科学主义（scientism），从字面上看似乎应该译成"科学主义"，中国的一些学者也认为无须加这个"唯"字，并且以"科学主义者"自诩。实际上这是望文生义，范岱年先生指出："唯科学主义在国外是一个贬义词，是对那种把自然科学看作文化中价值最高部分的主张的一种贬称。而有意思的是，我国有一些科学主义者却把这当作一个美称来加以提倡。关于唯科学主义的定义，国内的学者已作过许多详细的介绍。强唯科学主义是指'对科学知识和技术万能的一种信念'。弱唯科学主义是指'自然科学的方法应该被应用于包括哲学、人文和社会科学在内的一切研究领域的一种主张'。"①

胡适把科学比作"如来佛"就是"科学万能论"的典型。他还写道："有一个名词在国内几乎做到了无上尊严的地位；无论懂与不懂的人，无论守旧和维新的人，都不敢对他（它）表示轻视或戏侮的态度。那个名词就是'科学'。"②丁文江直接提到"科学的万能"。吴稚晖则有七个坚信，最后一个是"'宇宙一切'，皆可以科学解说"③。这些都是强唯科学主义的言论。

王星拱认为："科学是凭藉因果和齐一两个原理而构造起来的；人生问题无论为生命之观念或生活之态度，都不能逃出这两个原理的金刚圈，所以科学可以解决人生问题。"④邓中夏声称："唯物史观派，他们亦根据科学，亦应用科学方法，与上一派（指科学）原无二致。所

---

① 范岱年：《唯科学主义在中国——历史的回顾与批判（一）》，《科学时报》2005年10月21日。说明：《科学时报》即《中国科学报》的曾用名。又见《科学文化评论》2005年第2卷第6期，第27页。

② 胡适：《〈科学与人生观〉序》，载张君劢、丁文江等：《科学与人生观》，济南：山东人民出版社，1997年，第10页。

③ 吴稚晖：《一个新信仰的宇宙观及人生观》，载张君劢、丁文江等：《科学与人生观》，济南：山东人民出版社，1997年，第412页。

④ 王星拱：《科学与人生观》，载张君劢、丁文江等：《科学与人生观》，济南：山东人民出版社，1997年，第285—286页。

不同者，只是他们相信物质变动（老实说，经济变动）则人类思想都要跟着变动，这是他们比上一派尤为有识尤为彻底的所在。"①似乎可以算是弱唯科学主义的表述。

当代生活中，不乏将空洞的"科学"赋予价值判断的奇事，如说某人或某事"不科学"，就意味着其人其事不正确。再如把某一特定学说或政策观点称为"科学的"，与之抵牾的就是"不科学""不正确"。这种将科学判断等同于逻辑真理和政治正确的做法，其实是一种危害性更大的唯科学主义。这方面的教训数不胜数。

21世纪开初，一些思想活跃、年富力强的学者打出"反科学"的旗号，他们批判"科学万能论"，反对将科学赋予价值判断和意识形态化，提倡加强人文素质教育，起到了批判唯科学主义的作用。但是"反科学"这个旗号除了能够吸引公众的一时注意外，很容易引起误会并招致科学家的反感，对此我是不赞成的，更不要说那些故作惊人的激进口号与宣传手段了。

九、罗素是个"玄学鬼"吗?

1923年2月4日，也就是张君劢在清华大学演讲前10天，后来成为著名遗传学家的"猛人"霍尔丹（J. B. S. Haldane）在剑桥大学发表了一篇演讲，题为《代达罗斯，或科学与未来》，以希腊神话中的巧匠代达罗斯为隐喻，宣称科学将向传统道德提出挑战，在科学探索的路上无须任何顾忌。

霍尔丹的演讲中包括一些惊世骇俗的想法，有些今日已经成为现

---

① 邓中夏：《中国现代的思想界》，载蔡尚思主编：《中国现代思想史资料简编》第2卷，杭州：浙江人民出版社，1982年，第174—175页。

实，有些还受到社会或伦理方面的约束，有些也许正在某个实验室里偷偷地进行。例如，迷幻药物的临床应用，通过药物增强人的胆量或耐力（以培养勇敢的士兵和不知疲倦的工人），通过化学方法延长妇女的青春，借助生理学而不是监狱来处理邪恶本能，无性生殖、试管婴儿、计划生育与优生控制，甚至暗示了人兽杂交和安乐死。

霍尔丹还认为生物学家"是现在地球上最罗曼蒂克的人……是腐朽的帝国与文明的破坏者，是怀疑者、动摇者和弑神者"，宣称"未来的科学工作者将越来越像孤独的代达罗斯，因为他意识到自己的可怕使命，并为之感到自豪"。①

已经功成名就的哲学家罗素对其言论非常不满，翌年发表《伊卡洛斯，或科学的未来》予以回应。文中借代达罗斯之子伊卡洛斯飞天坠落的故事，警告人类对科学的滥用将导致毁灭性灾难。

文中写道："伊卡洛斯在父亲代达罗斯指导下学会了飞行，由于鲁莽而遭到毁灭。我担心人类在现代科学人的教育下学会了飞行之后，亦会遭遇相同的命运。"在结论部分他又写道："科学并没有给人类带来更多的自我控制，更多的爱心，或在决定行动之前克制自己激情的更大力量。它使社会获得更大的力量，去放纵自己的集体激情，但通过社会的更加组织化，科学降低了个人激情的作用。人的集体激情主要是一种罪恶的激情，其中最强烈的激情是针对其他群体的仇恨和竞争。因此，现在所有使人得到放纵激情之力量的东西都是邪恶的。这就是科学可能导致我们文明毁灭的原因。"②

希腊神话中，代达罗斯在雅典犯下杀人罪后逃到克里特岛避难，

---

① J. B. S. Haldane, *Daedalus, or Science and the Future: A Paper Read to the Heretics, Cambridge, on February 4th, 1923*. New York: E. P. Dutton and Company, 1924.

② B. Russell, *Icarus, or The Future of Science*. New York: E. P. Dutton and Company, 1924.

为当地统治者米诺斯王修造囚禁牛头怪的迷宫，又用鸟羽和蜂蜡为自己和儿子伊卡洛斯制作了飞天的翅膀。飞行途中伊卡洛斯罔顾父亲的嘱托，飞得太高而被太阳熔化了翅膀，最终坠海身亡。

在霍尔丹与罗素论战的语境中，代达罗斯既是科学与发明的象征，也带着技术"原罪"的烙印；伊卡洛斯则显示了人类与自然抗争的勇气和雄心，既是飞天英雄，也是因藐视自然而遭报应的代表。

在与霍尔丹交锋之前不久，罗素曾于 1920 年访问中国，10 月 12 日抵达，次年 7 月 11 日离开，在华居停整整 9 个月，步履所及包括上海、南京、汉口、长沙、北京 5 个城市，发表了五大系列演讲和十余场单篇演说，会见了形形色色的知识分子，就改造中国这一议题向不同的人提出了建议。罗素来华的邀请和接待由梁启超领导的研究系主持，对外出面的是以讲学社为首的多家单位。

梁启超一向被新文化运动的闯将们视为保守派甚至反动派，此时他的《欧游心影录》刚刚出版。由他发起的邀请活动，在"五四新青年"那边得到的反应远没有预期那样热烈。胡适曾经警告赵元任不要为罗素担任翻译，陈独秀还在《新青年》上发表公开信质疑罗素关于优先发展教育与实业的观点，周作人等则借《申报》的报道批评罗素不谙中国国情。

我这里异想天开地提出一个问题——假如罗素晚来 3 年并目睹了"科玄论战"的全过程，他会站在哪一边呢？在中国当时的语境中，他是否会被人谑称为"玄学鬼"呢？

十、罗家伦的反思

在回顾"科玄论战"的叙事中，有一个常被忽视的人物，他就是五四运动的学生领袖罗家伦（字志希）——喊出"外争国权，内惩国贼"口号的《北京学界全体宣言》就出自其手,"五四运动"这一提法也首见于他以"毅"为笔名发表在1919年5月26日《每周评论》上的文章。

1920年罗家伦从北京大学毕业,蔡元培商请上海纺织巨头穆藕初提供奖学金,将罗家伦和另外4名学生领袖一道送往美国留学。罗家伦于当年9月赴美,先后就读于普林斯顿大学、哥伦比亚大学及英、德、法等国多所名校,主修历史与哲学。他在西方游历7年,回国后投身北伐,1928年出任国立清华大学首任校长。

"科玄论战"打得不可开交的时候,罗家伦正坐在哥伦比亚大学的图书馆里苦读和思考,并写成名为《科学与玄学》的一部书稿。游欧期间他也随身携带着书稿,曾与赵元任、俞大维、傅斯年等人切磋讨论,修订后寄回国内,于1924年出版,署名罗志希。按照罗氏的学术谱系与国内人脉,他应该是"科学"派的拥趸,其实不然。

作者自序开头就说:"这本书的内容,与从前国内发动的所谓'科玄论战'毫不相关,虽然著者发动写这本书的时候,多少受了那次论战的冲击。"①"毫不相关"是说自己没在国内加入论战,受了"冲击"坦白了写作此书的动力。

由于置身事外,又得哥大的丰富藏书之便,还能就近向杜威等大师请教,这部《科学与玄学》自有一种山外望山的清朗气象,可以说是对"科玄论战"予以全面审查和公允判断的第一部专著。

书分四部分。第一部分"楔子"交代缘由,认为"张、丁两君的辩论……是学术界元气将苏的一种征兆",同时指出"张、丁二派不足以代表玄学与科学"②。中间两部分分别详论科学与玄学,各四节。

---

① 罗志希:《科学与玄学》自序,北京:商务印书馆,1999年,第1页。
② 罗志希:《科学与玄学》,北京:商务印书馆,1999年,第1、10页。

　　科学部分包括：①科学简史、休谟问题、因果律、经验共性；②描述与解释、共相问题、精确性与确定性、排除价值判断、数学化；③科学的限度、主客关系、对科学的误解；④历史上的科学流派（实为科学哲学流派——笔者按）、纯粹与应用。

　　玄学部分包括：①名词之辩、基本问题、认识论与本体论；②玄学的批判性胜科学一筹、时空观念的变更、归纳法、矛盾律之蔽；③玄学家不当超越知识范围；④对玄学的种种误解及著者的辩护。

　　最后一部分"尾声"讨论科学与玄学的关系，讲了"玄学精神流入科学后之贡献"和"近代科学逼近玄学问题之良征"，指出"玄学与科学的合作，无论是为知识或为人生，都是不可少的。强为分离，则不但两者同受灾害，而且失却两方面真正的意义……从人类知识发展的历史方面看去，科学的促成玄学，玄学的帮助科学，是显著的事实，也是知识界最得意的一件事"[①]。

十一、今日大哉问

　　20 世纪初的物理学革命颠覆了传统的时空观，因果律、同一律和确定性这些科学的金科玉律都遭到质疑，"科玄论战"中的"科学"派对此知之甚少。在西方，刚刚经历了第一次世界大战浩劫的人们，怎么也不会想到 20 年后就有了第二次世界大战，人类还会发明并使用远比黄火药、毒气弹凶残千万倍的原子杀人武器。

　　100 年过去了，中国与世界都发生了翻天覆地的变化。在经济繁荣、社会进步、高新技术层出不穷的同时，人类也面临着生态恶化与资源枯竭引起的生存危机，财富分配的不公、恐怖主义的猖獗、病毒

---

　　① 罗志希：《科学与玄学》，北京：商务印书馆，1999 年，第 149 页。

的肆虐及全球化的退潮，构成新的严峻挑战。对这些挑战作出合理的应对，既需要科学也需要人文。

写作这篇琐谈的时候，ChatGPT 一类的新闻不绝于耳，几个老旧大问题却一再浮现于脑海，对它们的应答远远超出本人的智力和学养，不揣浅陋写出来与读者分享并就教于方家。

人类社会一直是进化的吗？欧洲的中世纪比之古希腊、古罗马是倒退吗？文艺复兴比之中世纪是进步吗？无论进步还是退步，什么是客观的标准呢？进而言之，当代社会还会遭遇大的倒退吗？

如果按照对社会变革的态度区分左右，"科玄论战"中"科学"一方大抵可归为"左派"；100 年后，当代西方左派却与民粹主义、文化相对主义和激进环保主义者结盟，充当批判科学与西方文化的先锋，这种镜像转化是怎么发生的？与当代科学和技术的发展有多大关系？

无论是在物理世界、生命世界还是在人类社会中，现代性与确定性共生共荣都是不争的事实。然而从 19 世纪末开始，许多领域相继出现确定性丧失的倾向，不仅是科学与数学，还有视觉、听觉艺术和某些文学流派，乃至人类社会的演进方向。有人认为这是"后现代"（或"后工业"）社会的一个标志，人类在翻过"后现代"这一篇后，是否会见证一个确定性回归的"后-后现代"（meta-postmodernity）呢？

许多物理学大师信奉的还原论是否有其适用的限度？"终极理论之梦"有望成真吗？生成论（或自演化论）的本体论基础是什么？

机器是否会自我进化？人机混合的"赛博格"（Cyborg）会成为未来世界的主宰吗？元宇宙世界为心物二元论留下了存在的空间吗？

人工智能与生物工程能否造出"最强大脑""最强铁人"一类的生命个体？未来的技术可否实现人类在智力与体力上的完全平等？没有天才和英雄，没有理想或野心，世界是否会变得平庸无奇从而达到学者福山意义上的"历史终结"？

谨以此文纪念"科玄论战"100 周年。

（本文作者刘钝系国际科学技术史学会原主席、清华大学科学史系教授、中国科学院自然科学史研究所研究员；本文首次发表于《中国科学报》2023 年 2 月 10 日第 4 版）

让"玄学"为科学家开脑洞

胡珉琦

"和其它物理学家不同,对我来说,长年累月吸引我,给我影响最深的是老、庄等人的思想。它虽是一种东方思想,但在我思考有关物理学问题时,它仍不知不觉地进入其中。"①这样一段话,如果不是出自一位诺贝尔物理学奖获得者之口,恐怕没有多少人会相信。

这位名叫汤川秀树的日本著名物理学家从小受"中国通"父亲的影响,吸纳了中国许多形而上学传统的思想。特别是他在思考基本粒子的过程中深受《庄子》"混沌"思想的启发,从而发现了 π 介子。

汤川秀树把形而上学思想与科学的直觉和创造力紧密联系起来,堪称当代科学与形而上学"结盟"的经典事例,但也是较为少见的个案。

在科学界,科学与哲学的脱离是一种常态。对于哲学"有用性"的怀疑始终存在。

实际上,当代基础科学前沿直接关联着众多形而上学问题,比如数学的基础和本性问题、量子理论中的本体论问题、复杂性科学中的突现论问题、认知科学中的心脑关系问题等。这些问题对于人类理解

---

① 徐水生:《论老庄哲学对汤川秀树的影响》,《哲学研究》,1992 年第 12 期,第 59—65 页。

和改造世界、促进自身文明发展，构成历史上罕见的重大挑战和革命性转变的契机，是科学界和哲学界无法回避的。

形而上学对当代科学发展能起到什么作用？是什么原因导致了国内科学与哲学的相互脱离？我们可以从现代科学诞生之初的故事中获得哪些启示，从而重新审视科学与哲学的关系？

针对这一系列问题，《中国科学报》与中国科学院哲学研究所所长郝刘祥、学术所长刘闯、学术委员会主任胡志强展开了一场对谈。

一、任何一门科学理论的内核都包含了形而上学

《中国科学报》：普通人对"玄学"的态度常常是嗤之以鼻，认为它是一种迷信。形而上学和玄学是什么关系？我们如何理解形而上学的概念？它关心的究竟是哪些问题？

郝刘祥："形而上学"是日本哲学家井上哲次郎对 metaphysics 的翻译，取自《易经·系辞》"形而上者谓之道，形而下者谓之器"。严复曾认为此翻译不妥，应译为"玄学"，因为"形而上学"是对世界本原的探讨，正合《老子》所言的"玄之又玄，众妙之门"。所以形而上学在中国一度被称为玄学。

形而上学是哲学最基础的分支，它包括宇宙论和本体论两个部分。其中宇宙论探讨的是宇宙的本原，即宇宙中的万物从何而来的问题；本体论探讨的是存在本身的结构，特别是超越感官经验的对象的存在性问题，比如共相（数、三角形、白、美、正义）、自然类（实体性共相，比如马）、自然规律（共相之间的必然联系）等是否真实存在。

从历史发展角度来看，宇宙论先于本体论，因为从神话时代走向

理性时代，人们首先要追问的就是宇宙万物的由来。宇宙论发展为本体论，主要是要回答"变化问题"，即不管你假设宇宙初始是何物，抽象的也好具象的也好，你都必须解释该物是如何变化成现今宇宙中的万物的。

当代的形而上学与本体论几乎是同义语，它所关心的问题，除了传统的本体论问题外，重要的还有心身关系、个体同一性、自由意志等问题。

《中国科学报》：有一种常见说法是"科学的尽头是哲学"。我们该如何理解科学与哲学或者形而上学的关系？

郝刘祥：按照当代著名科学史家弗洛里斯·科恩（H. Floris Cohen）的观点，在 17 世纪科学革命到来之前，人们有三种认识世界的方式，分别是哲学的、数学的和实验的。而这场科学革命的本质，正是这三种认识世界方式的相互融合。其中，数学理论和哲学思想是科学家用来理解自然的文化资源。因此他提出，哲学是科学之源。

而当现代科学诞生之后，按 20 世纪美国著名哲学家蒯因的观点，如果把科学知识比作一个圆盘，那么圆盘的边缘是人类的经验知识，从边缘往里是科学中的理论知识，圆盘的中央则是逻辑和形而上学。

任何一门科学理论的内核都包含了形而上学，也就是该理论的本体论承诺。一个理论的本体论承诺，就是按照这个理论宇宙中有什么东西存在。

比如说，牛顿力学在本体论层面预设了绝对时间、绝对空间、微粒论的物质和超距作用力这四种基本实体；法拉第（Michael Faraday）的电磁理论在本体论层面预设了时间、空间、电力线和磁力线的存在，力线分布在时空之中。后来麦克斯韦将法拉第的物理思想翻译成数学语言，电力线和磁力线就成了电场和磁场的形象表示。

《中国科学报》：当代形而上学对科学发展能起到什么作用？

郝刘祥：现在，我们既不能简单地把形而上学看作是科学的基础，也不能简单地将它看作是对科学的总结。科学家在探索自然界中尚未认识的存在样式时，离不开既有的形而上学思想的启发，它往往会成为科学中原创性思想的灵感之源。

比如，牛顿的超距作用力思想，就含有文艺复兴时期的赫尔墨斯主义成分。按照赫尔墨斯主义的设想，世界上的所有事物之间都存在一种隐秘的相互联系。牛顿的万有引力，不过是数学化了的隐秘之力。牛顿力学创立之后，万有引力逐渐成为人们所信奉的本体论的一部分。

再比如，法拉第在设想电力线时，就受到"力心原子"论的启发；而力心原子概念的前身，正是莱布尼茨（Gottfried Wilhelm Leibniz）的"单子"这一形而上学实体。电磁理论建立之后，电磁场也成了我们所信奉的本体论的一部分。所以说，形而上学与科学理论之间，是一种动态的相互调适关系。

胡志强：值得注意的是，形而上学对自然科学发展的启发和推动，并不是基于哲学家事先证明了某一种形而上学思想、观点是正确的，然后就应用到科学研究中并得到创新成果。这是我们对形而上学的一种误解。

形而上学本身就是一个以想象力构建起来的理论世界，科学家如何利用它，必须由科学家根据他们研究工作的需要来决定。重要的是哲学家之间的辩驳、哲学家与科学家的合作，能够形成多种多样的思想观点，为科学家探索前沿研究提供更多的概念工具。

二、不同文明的形而上学传统，都可以为科学家"开脑洞"

《中国科学报》：为什么古希腊的形而上学最终产生了现代科学？

刘闯：在 16、17 世纪的欧洲，形而上学思维能量之高令人难以想象。大家发了疯似地去测试、验证各种假设、观点，彼此之间相互竞争。从某种意义上说，现代科学就是从一场思维大碰撞中产生的。

但现代科学也可以称为一个"怪物"，它并不是特定地理环境和文化积累的产物。如果我们把科学看作是生产知识的机器，它的核心机制就是形而上学传统和工匠传统的某种巧遇。

现代科学的诞生有一个重要契机，那就是在古希腊政治、经济、社会各种因素的促成下，形而上学传统和工匠传统有了一个良性结合。而其他文明的两种传统都没能产生这样的化学反应。

胡志强：这个发问背后暗含着我们长久以来的一种渴望，就是对于科学究竟是如何诞生的一种解释需要。我们总是希望能够找到一种确切的、单一的决定因素。问题是，真实历史是非常复杂的，事实上，形而上学传统和工匠传统的碰撞也具有相当大的偶然性。

但对我们而言，比较有启发价值的是，两者结合的重要前提是思想的活跃和多元。古希腊形而上学思想可谓五花八门，它们之间相互冲突、碰撞，其中并不存在唯一一种完美的思想。换言之，科学诞生之前，人们根本不知道哪块云会下雨，两者结合的失败事例比比皆是。

而支撑这种多元思想繁荣发达的一个根源，来自古希腊哲学一种独特的价值观。

亚里士多德伦理学探讨的核心问题是人的幸福是什么，它构成了形而上学思想的重要内容。人的幸福与人类本身的存在特征有关系。

亚里士多德认为，人的存在特征与动物的最大区别是人是理性的，而对真理的追求是理性的最高目标，它成了人的幸福生活的一部分。正是这种价值观进一步激励着人们去求知、竞争。

郝刘祥：古希腊哲学是把知识本身当作一种美德，把对理性的追求推到了至高无上的地位，把它视为人的最高使命，认为无法发挥理性的生活是不值得过的。这种纯粹的、极致的理性追求在其他文明中是不存在的。

因此，当我们发展自己的形而上学时，也应当倡导多元化思想，并且把对知识和理性的追求作为一种美德和人生目标，这对中国文化而言任重道远。

《中国科学报》：现代科学是通过"殖民主义"一统天下的。如今来自本土文明的形而上学传统可以为当代科学发展注入新的思想吗？

刘闯：现代科学发展至今，体系规模已经十分庞大，早已不是17世纪诞生时的知识机器的样子。而且，科学的发展越来越多元化，这是一个契机。不同文明的形而上学传统，都可以为科学家"开脑洞"。东方哲学思想是否能打开一些西方哲学的想象力无法打开的脑洞？我认为是完全有可能的。

比如，日本第一个获得诺贝尔物理学奖的科学家汤川秀树受家庭影响，一直很推崇老庄的道家学说。汤川秀树研究的是基本粒子，基本粒子比原子还小，很难用实验手段识别其内部结构，必须突破原有思维框架来思考这个问题。他曾在回忆录中说过，他在思考基本粒子的过程中深受《庄子》中"混沌"思想的启发，并最终发现了"介子"。

胡志强：科学创新存在于两个层面，分别是科学发现的层面，以及知识机器也就是验证的层面。前者依赖于多元思想的启发，后者则是受到铁律的支配。

到了今天，我们又有了一个机会重新发现我们传统文化或者是传统形而上学当中一些有价值的思想，从而为科学发现、科学理论创新提供不同的启发。但前提是，它的价值并不在于哪一种形而上学思想是绝对正确的、完美的，而是在于多元化。

郝刘祥：如何挖掘我们传统形而上学思想的价值也很重要。很多情况下，科学家借用哲学的方式并非照搬那些理论思想，而是会创造性地诠释。最典型的就是牛顿，当时他受到所有的西方哲学思想的启发，以至我们无法给牛顿贴上任何一种形而上学思想的标签，他是将各种哲学思想融汇到了一起。因此，我们不能给形而上学贴上知识或真理的标签，而是要把它当作一个"思想市场"。

三、哲学界没能向科学界展示出哲学思考的真正价值

《中国科学报》：当前国内科学家的哲学训练与现阶段科学发展对于哲学的需求是否匹配？

刘闯：哲学思维并不是"训练"出来的。

一直以来，一些科学家对哲学存在很大的误解。他们常常认为，学习哲学就是要学习哲学史上一些哲学家提出的理论。如果我们都是这样看待哲学，那么我们从中得不到任何养分。

正确认识哲学，科学家需要了解哲学当中不同的假设，各种看起来很"狂妄"的思维。尽管我们不知道哪块云会下雨，但我们至少应该知道云在哪里，它们是什么样子的。

对科学家而言，关键是要打开思路，充分发挥想象力，且多了解一些更前卫、更高明的哲学思想。

郝刘祥：不仅仅是科学家，我们的普遍认知是把哲学当成定论知识，刻板地学习它。事实上，哲学是一项思维活动，是各种论点之间的辩难。

哲学家首先要提出各种问题，然后围绕这些问题给出各种可能的解答。与科学不同的是，哲学不受经验证据的强力约束，因此没有科学意义上的标准答案；解答的高明与否，取决于哲学思想内在的一致性与合理性。

胡志强：追求思想的一致性，是哲学变革的基本动力。但大多数人的思考是凌乱的，他们并不追求概念的精确性，对自己的想法之间可能存在内在冲突也缺乏敏感性。比如，一个人一方面反对物理主义，因为他认为世界除了物质之外，还有人的思想、情绪、情感，但另一方面他又否认灵魂的存在，而这恰恰是物理主义的核心观点。

《中国科学报》：导致国内科学与哲学相互脱离的原因是什么？

胡志强：国内哲学教育的内容和方式还存在许多不足，使我们没能向科学界展示出哲学思考的真正价值。

哲学的问题来自日常生活，包括科学研究的实践，是由我们日常思维中存在的许多矛盾冲突而提出来的。而哲学思考的核心是论证，通过细致精深的论证来解决这些矛盾冲突。哲学论证有一种强大的力量，能迫使我们的思考突破似乎是天经地义的思想框架，产生出初看起来稀奇古怪的概念体系。理解世界上的创造力，才是哲学真正的价值所在。

然而，我们目前的哲学研究和教育，通常讲的是哲学史，并且常常把历史上那些伟大哲学家的思想格言化、警句化、教条化、知识化。可事实上，哲学应该是对最根本性的问题给出解答和论证。

正因为我们许多的哲学工作主要是诠释历史上著名哲学家的一些

理论思想，而没能从实际生活出发，从科学研究的实践中提出一些哲学问题，这使科学家很难从哲学家所研究的内容中发现与科研工作的关联，导致两个群体之间难以交流互动。

刘闯：在国外，科学家与哲学家定期讨论是一种工作习惯。很多科研人员的课题组里就有哲学家，开组会时他们会在一起交流沟通。那么他们在讨论一些哲学假设时就会比较规范，没有内在矛盾，想象力也比较丰富，从而形成一种良性互动。但国内很难形成这种氛围。

《中国科学报》：当代科学前沿领域蕴含着哪些重要的形而上学问题，需要科学家和哲学家共同来解答？

郝刘祥：按照爱因斯坦的说法，科学的崇高目标是要"以最适当的方式来画出一幅简化的和易领悟的世界图象"①。显然，我们对物质、宇宙和意识的理解还远未达到这一目标。

拿物理学来说，我们最好的理论是量子理论和广义相对论，但这两个理论在本体论层面是不相容的。在量子场论中，时空是量子场的背景；而在广义相对论中，时空几何是动力学量。更有甚者，我们不知道该如何理解量子力学的本体论：量子力学波函数是真实的物理实在吗？量子力学的哲学诠释问题，是量子引力理论的探索者和量子信息技术的开发者都无法回避的基本问题。

再比如，当代神经科学的进展，已经大大增强了我们对大脑和心灵运作方式的理解。我们已经认识到神经网络的层次结构、不同感觉通道的算法通用性、神经网络联结的可塑性，以及高级中枢对低级中枢的反馈控制，我们已经建立了更合理的关于知觉、记忆、学习和情绪的理论模型。

———————————

① （美）爱因斯坦：《爱因斯坦文集》第一卷，许良英、范岱年编译，北京：商务印书馆，1976年，第101页。

尽管如此，我们关于心灵的理解依然十分有限。特别是大脑的神经生物学过程是如何引起意识状态的、意识与大脑的关系问题，迄今仍然是一个哲学问题。要想获得这个问题满意的生物学答案，我们必须克服大量的哲学障碍。

除此以外，人工智能的发展还要求我们从哲学角度理解何为因果，以及如何刻画因果结构。大多数的机器学习能根据数据的统计相关性预测结果，但是缺乏预测因果性的能力。这使机器学习无法发现因果关系，也无法预测因果干预的结果。因果研究是涵盖统计学、认知科学、人工智能等学科的交叉学科。这三条研究进路分别从数据层面、显示层面和技术实现层面切入因果推理问题。它们虽有交集，却因缺乏统一的理论纲领和话语方式而难以解决人工智能的因果推理问题。通过与因果研究相结合，哲学不仅扮演了各研究分支的"黏合剂"和"话术翻译"的角色，还能在因果推理的研究上直面基础原理，整合研究范式。这些哲学基础理论工作，有望为开发出只需少量训练样本就能与真实世界互动学习的未来人工智能搭建理论框架。

对于量子力学的哲学基础、意识与大脑的关系、因果推理的结构这类基础科学前沿中的重大哲学问题的探讨，特别需要科学家和哲学家携手推进。中国科学院哲学研究所的成立，正是科学与哲学再度结盟的需求的产物。

（本文作者胡珉琦系《中国科学报》资深记者；本文首次发表于《中国科学报》2023年6月30日第4版）

在认知美德上，科学家群体为何能超越常人？

胡志强

在 100 年前的"科玄论战"中，有一个核心问题——科学是否只有工具价值？随后的 100 年里，科学工具观，不管是从肯定意义上讲，还是从否定意义上讲，在相当一部分人那里都占据了主导位置。

科学除了增进人们的福祉、间或带来一些负面后果外，是否还对我们的人生有更深刻的意义呢？

科学的价值还体现在从事科学的人的身上。在科学的探究活动中，特别是在科学探究特有的社会情境下，科学家养成的认知美德，也是科学贡献给人类文明的精神价值之一，能够为我们作为个体追求美好生活和作为群体建设良善社会提供借鉴和启示。

一、认知美德：科学家有别于常人的异禀

科学是人类理智的伟业，其诞生和发展已经深刻形塑了人类生活和文明的进程。对科学价值的认识，大众最熟悉的可能是基于科学的技术发明带来的广泛福利，这是科学在工具层面的价值。

较少为人提及但也令相当一部分人赞叹的，是科学提供的对自然

现象的理解，这是科学在认识层面的价值。

更少让人关心并常常遭到忽视的，是科学家在科学研究过程中所铸就的认知美德，这是科学在精神层面的价值，同样是人类文明的宝贵财富。

自然的奥秘隐匿在幽深而晦暗之处，单凭人类在进化中获得的那些认知禀赋难以直接捕获，这使得科学探索常常是极为复杂而艰难的过程——只有查知范围有限的知觉器官和脆弱的推理能力，却要找出万物的基本构造；身处浩渺星空中一粒尘埃般的星球上，却要发现宇宙最深和最初的图景；作为生命进化链中的一环而产生的智慧生物，却要弄清生命进化的过程和我们自身智慧的源泉。

接近自然真理的每一步都包含着难以把握的命运、令人惊奇的结果和不可思议的飞跃。科学上哪怕是十分微小的进展都需要克服我们这个物种天生的认知偏差，需要战胜我们在社会生活中那些直接而强烈的诱惑，需要摆脱我们个体身上根深蒂固的偏见。

非常之功必得有非常之人。科学向世人展现出的辉煌和绮丽背后，是牛顿、达尔文、爱因斯坦这些巨匠和千千万万普通科学家的超凡业力。科学家有别于常人的异禀，并非通常人们眼中的智商、学识和技能，而是在科学探索中获得的、持久而深刻的、认识上的卓越品德。

二、何为认知美德

最为世人瞩目的往往是科学发现的闪亮时刻。然而，能够走到这一步，则需要科学家日复一日、年复一年单调乏味地艰苦劳作。持之以恒是科学家最常见的品德。

内分泌学家吉耶曼（Roger Guillemin）和沙利因（Andrew Schally）

因发现下丘脑分泌的促甲状腺激素释放激素（TRH）的分子结构，获得 1977 年诺贝尔生理学或医学奖。他们的工作需要大量的实验样品。而获得 1 毫克的样品，就需要把成吨的绵羊或猪的脑组织捣碎并进行处理。这样的事情他们做了整整 7 年，才得到令人满意的结果。

演化生物学家彼得·格兰特（Peter Grant）和妻子罗斯玛丽·格兰特（Rosemary Grant）夫妇，从 1973 年开始，每年夏天都要到加拉帕戈斯的大达夫尼岛观察雀鸟。1981 年，他们注意到有一种体形较大、鸣叫声与众不同的雀鸟。这以后的 31 年间，他们持续对这种雀鸟的 6 代后代进行跟踪研究，最终确定这是一个新物种。[①]

当然，任何一项长期、复杂的事业，都需要长久的坚持，而科学研究尤为如此，因为科学研究的过程面临巨大的不确定性。格兰特夫妇未必能够确信他们 40 年的坚持一定能够得到什么新发现，在科学上成功只是例外，失败却是常态。他们甚至不能确信自己的发现一定有什么重大意义，要知道绝大多数成果出现后立刻就石沉大海，没有溅出任何水花。而在这 40 年中，热烈的期盼伴随着持续的焦虑，偶然的欣喜后随之而来的又是长期的困顿，突然出现的希望也很快被重重的挫败压倒。40 年的坚持背后是异乎寻常的专注、耐心和意志力，是超出常人的人格力量的支撑。

人类是通过已有的思想框架看待世界的。这样的思想框架在我们发育的过程中就通过各种微妙的渠道嵌入我们的心智之中，成为我们思考时的一种默认配置，让我们能够以熟练的方式应对自然和社会环境的变化。这样的思想框架或者是前人的认识成就，或者是社会的普遍共识，因而对我们而言似乎是显而易见、理所当然、不可置疑的。

---

① （美）迈克尔.斯特雷文斯：《知识机器：非理性如何造就近现代科学》，北京：中信出版社，2022 年。

德国心理学家卡尔·登克尔（Karl Duncker）曾做过一个称为蜡烛任务的实验，即给被试者一根蜡烛、一盒图钉和火柴，要求把蜡烛钉到墙壁上并点燃它，但不能让融化的蜡滴到桌上。完成这一任务的关键，是把装图钉的盒子变成烛台。但绝大部分被试者没有做到这一步，因为在大家眼中盒子的功能只能是装图钉。我们被锁定在熟悉的思想框架之中。

科学的进步往往需要与我们心智中这种根深蒂固的思维定式做斗争，因此特别需要心灵开放的品德。在哥白尼之前，还有什么比太阳围绕地球旋转更为自然的事情，这难道不是人类从古至今时时刻刻都观察到的现象吗？在魏格纳（Alfred Wegener）之前，没有人不认为广袤的大陆在地球上的位置是固定的，对这一点的任何质疑似乎只能是心理错乱和疯狂的表现。

科学上新的思想，常常被说成来自灵光乍现、突发奇想的神来之笔，但它并非简单的运气、偶然的产物，也不只是由于超凡的想象力和灵活性，而要归于科学家的心灵开放的认知品德。

一个心灵开放的人愿意并能够超越默认的认知立场，认真考虑其他不同认知立场的优点[1]。而拥有这样的品德绝非易事，它不仅能通过反思查知我们暗含的思想观念，而且能从中超脱和抽离出来，在更高和更宽的视野中评价不同思想观念。

科学研究不但是科学家探索自然的过程，也是科学家实现自我价值的过程。一个人对自我的看法，特别是对自我价值的肯定，是其作为人的自我尊严和人生意义的根基。人们倾向于相信他们愿意相信的东西，特别是倾向于过高估计自己的能力、个性和成功的前景。心理

---

[1]　Jason Baehr，*The Inquiring Mind：On Intellectual Virtues and Virtue Epistemology*，Oxford：Oxford University Press，2011.

学家将这种人性的特质称为"乌比冈湖效应"①。

要承认自己的局限，承认自己经过长期努力而得到的观点有可能有误，承认他人特别是竞争对手可能做对了，这是所有人都难以面对的局面。特别是在涉及名誉、地位、身份认同等情境时，绝大多数人往往会通过自我掩饰甚至自我欺骗来维系表面的自尊。

科学家另一个突出的认知品德是谦逊。爱因斯坦将广义相对论应用于整个宇宙时，添加了一项宇宙常数以使其结果符合静止的宇宙。当哈勃发现宇宙是在膨胀着之后，爱因斯坦放弃了自己的场方程中的宇宙常数，并承认这可能是自己最大的错误。

科学家的谦逊来自对宇宙真理的敬畏，来自对人类认识可错性的深刻领会，"在上帝面前，我们同样智慧，并且也同样愚蠢"（Before God we are all equally wise-equally foolish.）（爱因斯坦）②。"我是很笨的"（吴文俊）③。"我不怕在年轻人面前暴露自己的愚蠢"（玻尔）④。正是伟大的谦逊使科学家能够突破自身局限、吸收他人的智慧，将思想不断升华到新的高度。

认识上的公正也是科学家拥有的认知美德。作为个体美德的公正，涉及一个人与其他人的关系，一个重要的含义就是能够对每个人的贡献给予恰当的承认。

科学研究是一项集体的事业，科学的进步需要不同科学家作出不同类型的贡献。由于科学的探索性特征，个体科学家贡献的价值和意

①　这个术语源自盖瑞森·凯勒（Garrison Keillor）在其作品 *Lake Wobegon Days* 中虚构的草原小镇"乌比冈湖"。

②　Des Machale，*Wisdom*，London：Prion Books Ltd，2002.

③　张素：《用"笨办法"的"数学玩家"——缅怀吴文俊院士》，2017 年 5 月 8 日，http://edu.cnr.cn/list/20170508/t20170508_523742915.shtml。

④　张天蓉：《玻尔模型拯救电子 年轻人齐聚哥本哈根》，2019 年 11 月 30 日，http://zhishifenzi.com/depth/character/7662.html。

义，在短时间内很难通过一个客观标准来衡量，这样就离不开其他科学家的主观判断。

基金申请、论文发表、职位晋升、奖励荣誉这些与科学贡献评价相关的日常活动，都建立在同行评议的制度基础上。科学贡献评价不可避免的主观性，使科学家的认识公正美德成为维护科学良好运行的最后防线。

公正对待他人的贡献，一方面能够使新的思想更快扩散，进而推动科学事业整体发展，另一方面也能够使科学家因他的贡献而获得相应的荣誉、资源，激励他更大程度地发挥聪明才智。特别是对于科学研究这种时间跨度长、不确定程度高、精神压力大的工作，不公正的评价很可能会把一个天才科学家扼杀在摇篮中。

但大多数人的自然倾向就是有偏颇的，我们更偏向自己和自己的朋友、学生。我们大多数人也都秉承了其所处的社会环境中的偏见，低估或高估特定性别、族群、地位、年龄的人的才能和可信性。这些倾向和偏见可能与我们在日常生活中的幸福、道德、自我认同有很深的关系。要做到认识上的公正，不仅要求科学家具有知识和洞见，还必须与自然倾向和社会偏见进行对抗。

科学家的认知美德还包括其他方面，如认识上的细致、诚实、勇敢、好奇心、慷慨等。

当然，我们说科学家的认知美德，并不是说科学家都是日常意义和道德意义上的"好人"。科学家中也有偏执的、傲慢的甚至道德败坏的人。科学家的认知美德是体现在认识活动上的品德，特别是他们在做具体研究情境下展现出的品德。

在不同的个体身上，科学家的认知美德有程度上的差异，没有一个科学家的品行是完美的。有些科学家在人格特质上可能更加内向、缺乏亲和力，有些科学家在道德品质上可能有些自私、尖刻、懦弱甚至歧视，但如果不具备基本程度的认知美德，就很难称为合格的科学家。

认知美德由两个方面构成。在不同类型的认知美德中都包含一个共同的动机，那就是对真理、知识、理解这些认识善的内在热情。正是这样的生活态度，才产生了强大的内驱力，支撑科学家长期的奋斗坚持、永不停息的热望、对成功的乐观和坚信。正是这样的价值观，才能够维系理性的地位，使科学家能够警醒自身局限、克服自然和社会植根在大多数人身上的倾向和偏见。

在不同类型的认知美德中还包括判断力或者实践智慧。持之以恒并不是固执，心灵开放也不是犹豫不定，谦逊更不等同于自我贬低。美德的行使都是在具体的情境中，需要在各种复杂因素中作出恰当的判断。

按照亚里士多德的说法，美德必须在两个极端中保持中道。持之以恒是不知变通和过于灵活之间的中道，心灵开放是固执己见和盲信他人之间的中道，谦逊是谦卑和傲慢之间的中道。要把握到什么是中道，须得有时时的自我警觉、自我反思，还须得有足够的经验和洞见。

三、认知美德的养成和科学研究有什么关系

在很多方面，科学家与常人无异。但在认知美德上，科学家群体确实有超出常人的一面。科学家认知美德的养成与个体科学家的自我努力有关，也与科学研究的特征及科学共同体的特征有着密切联系。

首先，科学研究有基本的方法论要求，即有些科学哲学家所称的"铁律"，那就是不管什么人提出的主张，也不管这个主张看上去多么正确或者多么不可思议，都要接受经验证据的检验。

这样的铁律作为刚性而坚硬的戒律，会形成一种外在的压力，驱使科学家破除自我防卫的心理机制，克服各种认识上的不良倾向。这样的铁律作为社会规范得到广泛共识，会形成一种集体的氛围，争论、批评、反驳成为科学家对待任何一种思想观念的正常态度，使任何人都必须按照证据标准直面并冷静地评估自己和他人在认识上的处境。

在自然严格的证据和同行缜密的审视面前，自以为是、狂妄自大的态度，牵强附会、欺骗掩饰的伎俩，马虎苟且、心存侥幸的做法，都很难长久维持下去。一个科学家对成功的渴望再强、浸淫的文化偏见再深、习得的社会习俗再顽固，也难以抵抗住铁律的冲击。同行之间的思想分歧，都必须还原到思想本身，任何其他背后的计较，包括利益的、情感的、脸面的、权力的，都无法摆上台面，只能让位于摆事实、讲道理的规则。

其次，科学研究有代代相传的文化传统。科学不只是知识、技能、方法，而且包括态度、行为习惯、精神气质。虽然科学认识的具体内容在不断更新，但科学传统中的文化模因却顽强地自我复制、恒久广布。

科学文化是广义的社会文化中的一种亚文化，与社会文化的其他部分有广泛联系但又相对隔绝，因而带有明显不同的特征，不但有自己的语言、观念，还有自己的信念和行为模式。科学上的从业者必须经过长期而严格的训练，在这个过程中，广泛的阅读、正式与非正式的交流、行为上的相互模仿和更正，使科学的文化模因在科学从业者的身上根植下来，成为他们自我认同的重要构成成分。在这个过程中，那些在价值观和精神气质上与科学文化不合、不搭、不相容的人，就自觉地或被迫地离开这个事业和这个群体。

科学的文化传统有自己的楷模，让其他人景仰和追随；有自己的故事逸闻，让后代津津乐道地传诵；有自己的叙事方式，供每个人建构、解释和证成生活的意义。科学文化的传承往往是在具体的情境中发生的，有具体的见闻、经验、体会来支撑。老师、同学、同事这些身边人，他们的言行、指导、忠告、提点、警示，会一点一滴地浸润到心智的深处，积淀为稳定和持久的品德特质。

最后，科学共同体有特有的社会关系。科学共同体有共同的目标，那就是真理、知识和对自然的理解。这个共同目标只有被广泛的社会所认同和肯定，科学事业才能源源不断得到它所需要的物质和人才资源，也才能存在和延续。而个体科学家的价值、声望、荣誉随附在并取决于他对这个共同目标的贡献上。皮之不存，毛将焉附？如果科学家的行为危害了这个共同目标，或者不主动向社会大众证明这个目标的价值，无异于自我毁灭。

必须承认，在科学家之间有激烈的竞争，因为科学的奖励制度只以成败论英雄，最为珍贵的荣誉只给那些首先发现的人。这样的竞争虽然严苛，但大多数时候是良性的，因为科学的铁律使钩心斗角、阴谋诡计、拉帮结派、打压对手等社会上司空见惯的竞争手段最终都会落空。而良性的竞争关系还会促使科学家时时警醒有可能出现的局限、偏见和误区。

虽然科学家都要通过自己独特的研究来取得成就，但离不开与其他科学家的合作。每个科学家都有不同的专长和精通的领域，需要借用、吸收其他科学家的思想、方法、实验结果。

因无法事先证明其他科学家的可信性，只能信任他们的诚实和能力。这使相互信任成为科学家之间的重要人际态度。信任也会产生一种规范性的动机，让科学家努力通过行为来证明自己值得信任，从而为认知美德的养成构建合适的社会心理结构。

四、在后真相社会,认知美德为何弥足珍贵

一个人的美好生活需要多种多样的美德。我们关注较多的是道德美德。社会中的绝大多数人都不是科学家,但是认知者需要运用理性来认识自然和社会环境的复杂状况,应对日常生活中出现的问题和挑战。理性能力的获得和应用,不但会影响我们每个个体的福利,也会影响社会的良性运行,因此认知美德对于所有人来说都是需要培养的良好品德的一部分。

特别是当代社会,生活步伐加快,知识不断更新,信息异常复杂、不确定性增强,风险比比皆是,对于公民的认知美德有更高的要求。不过现实中的人们在思想和行为上显现出许多认识品德上的缺陷,偏见、盲从、教条、迷信、愚昧在一定程度上仍很普遍,是许多司空见惯的个人悲剧的根源,更是社会进步的阻碍。信息技术的运用从某个方面来说,甚至强化了人们在认知上的不良品德,许多人在互联网上的恶劣表现就是一个明证。

在技术操控和围观效应的双重作用下,我们似乎进入了某些人所称的后真相社会。真理不再成为人们关心的焦点和追求的目标,个人的主观偏见压倒了所有一切。为了利益赤裸裸地背弃认识上的责任,关注流量、粉丝胜过了理由、事实、证据,泯灭良知制造虚假新闻、明目张胆篡改历史真相、喋喋不休传播阴谋论断。在这样的环境中,人们的认知美德更是弥足珍贵。

更重要的是,人工智能飞速发展,正在或将要取代人类在许多领域的智力工作。我们以前引以为傲的天赋能力,如知觉、记忆、计算、推理,在人工智能面前已经成了"小儿科",那些我们曾认为不可能超越的技能与才华,如策略博弈、语言理解、艺术创作、动态预

见、科学实验等，也在人工智能面前逐渐丧失优势。如果没有认知美德上的提升，我们将失去未来在认识上的自主性。

美德的培育有多方面的途径，包括道德教化、艺术和文学上的浸淫等。但按照亚里士多德的看法，美德养成的基本方式就是模仿。所有人在自然禀赋上相差无几，正是通过对优秀人物的模仿，逐步形成习惯，最终才让某些人习得了卓越的品德特质。

科学家是我们通常认知中的佼佼者，也可以说是这个星球上人工智能最难超越的一群人，因此，社会大众要养成认知美德，科学家是我们最好的学习典范。认知美德的培育不是每个个体的事务，而是与我们所处的社会环境有重要的联系。科学共同体的社会氛围、社会规范、社会结构及人际关系，对于和谐美好社会的建设有许多值得借鉴的地方。

（本文作者胡志强系中国科学院哲学研究所学术委员会主任；本文首次发表于《中国科学报》2023 年 7 月 14 日第 4 版）

中国古代形而上学的现代思考

郝刘祥

　　形而上学，作为 metaphysics 的中译名，是明治时期日本哲学家井上哲次郎根据《易经·系辞》中的"形而上者谓之道，形而下者谓之器"翻译而来。形而上学包括宇宙论（cosmology）和本体论（ontology）两个部分，其中宇宙论探讨的是宇宙的本原，即宇宙中的万物从何而来的问题；本体论探讨的是存在本身的结构，特别是超越感官经验的对象的存在性问题，比如共相（数、三角形、白、美、正义）、自然类（实体性共相，比如马）、自然规律（共相之间的必然联系）、神等是否真实存在。从历史发展的角度看，宇宙论先于本体论，因为从神话时代走向理性时代，人们首先要追问的就是宇宙万物的由来。

　　按照德国思想家雅斯贝尔斯的说法，公元前 600 至前 300 年，人类文明进入了重大的理性觉醒时代，即所谓"轴心时代"。此间在北纬 30°附近形成了三大"轴心文明"——古希腊文明、古印度文明和中国的先秦文明。理性觉醒的标志就是排除超自然因（神的干预），只用自然因来解释万物的由来和各种神奇的自然现象。这就是宇宙论兴起的背景。

　　宇宙论发展为本体论，主要是回答"变化问题"，即不管你假设宇宙初始是何物，抽象的也好具象的也好，都必须解释该物是如何变化成现今宇宙中的万物的。《易》尽管本是一部卜筮之书，但其书名却是关于变化的，所以战国时期人们借题发挥为《易传》，使之俨然成为一部宇宙论和形而上学的著作。

中国古代的形而上学，在笔者看来，最重要的有三个概念——道、理和心。这些概念，在我们今天的思想和生活中仍然发挥着重要作用。在日常对话中，我们经常会听到道德、天理、良心之类的说法。因此，对这些概念的本意及其现代意义进行一番梳理，确有必要。笔者非中国哲学史专家，只是参照文本和已有解读——特别是钱穆的《朱子学提纲》[①]谈谈自己的理解。

一、道

道的原意是道路，后来又有言说的意思，因此有人将其对应于希腊哲学的"逻各斯"。"逻各斯"的本意是言说，后来引申为说话的规则，进一步引申为一般性的规则。所以说，这种对应是不太准确的。道路之道，用来概括事物运动变化的轨迹，并不必然含有规则、法则之意。在古人眼中，天（日月五星）的运行，有常（规律性）也有异（如行星的留退）。自然的运行具有规律的信念，是现代科学发展的结果。

"道"是老子哲学中最核心的概念。显然，老子的道不具备自然运行的法则的含义。《老子》一书，向来以晦涩难解著称。其实，只要我们跳过开篇的"道可道，非常道"那一段，很容易把握老子所指的

---

① 钱穆：《朱子学提纲》，北京：生活·读书·新知三联书店，2002 年。

"道"是什么。质言之，"道"是宇宙中一切事物的母体。兹引证如下①：

> 有物混成，先天地生。寂兮寥兮，独立而不改，周行而不殆，可以为天地母。吾不知其名，字之曰道，强为之名曰大。（《老子》第二十五章，大意是：道是先于天地的存在物，是天地万物的母体，无声无形，循环运行不止。）

> 谷神不死，是谓玄牝。玄牝之门，是谓天地根。绵绵若存，用之不勤。（《老子》第六章，大意是：道是生养万物的不朽谷神，是天地的玄妙母体，本身绵延不绝。）

> 道冲，而用之或不盈，渊兮，似万物之宗。……湛兮，似或存。吾不知谁之子，象帝之先。（《老子》第四章，大意是：道虚而无形，先于一切有形质的事物而存在。）

> 视之不见名曰夷，听之不闻名曰希，搏之不得名曰微。此三者，不可致诘，故混而为一。其上不皦，其下不昧。绳绳不可名，复归于无物。是谓无状之状，无物之象，是谓惚恍。迎之不见其首，随之不见其后。（《老子》第十四章，大意是：道是超感官的对象，看不见、听不到、摸不得。作为无定形的恍惚存在，道不可名状，无论根据什么都难以给它命名。）

> 道常无名。（《老子》第三十二章，大意是：道难以用感觉属性来命名。）

从上可见，老子的道是一个宇宙论概念，而不是一个本体论概念。如果我们要在西方哲学中找一个对应词，最恰当的莫过于古希腊哲学家阿那克西曼德（Anaximander）的"无定"（Apeiron），即没有确

---

① 以下引文参见任继愈译著：《老子新译》（修订本），上海：上海古籍出版社，1985年。

定形式或性质的万物之始基。

作为古希腊思想家泰勒斯（Thales）的弟子，阿那克西曼德也在追问宇宙的本原。但他不同意泰勒斯关于水是世界的本原的说法，如果水是世界的本原，火又是如何来的？因此，阿那克西曼德认为，宇宙的本原必定是一种不同于宇宙中所有事物的无定形的、未分化的物质。与"无定"一样，"道"虽"无名"，但绝不是"无"，而是不可名状的"有"，是生养万物的母体。

既然道是生养万物的母体，那它是如何生养的呢？老子只拈出"自然"二字，所谓"道法自然"。大道泛行，无所不至，万物恃之而生、依之而养，并复归于兹，万物的生灭皆是"自化"。

这个解释当然不能完全令人满意，所以千载之后，北宋的张载提出"太虚即气"的观点：作为万物本原的"太虚"就是气，气的聚散浮沉形成了天地万物。张载的观点非常接近古希腊米利都学派第三代传人阿那克西美尼（Anaximenes）的说法。

明白了老子所指的"道"，回过头来就不难理解《老子》开篇之辞："道可道，非常道；名可名，非常名。"据学者尹志华《北宋〈老子〉注研究》[1]考订，宋代以前对这句话主要有三种不同的诠释：

（1）道若可以言说，就不是恒常不变之道。代表人物是王弼。

（2）道可以言说，但不是常人所言之道。代表人物是司马光。

（3）道可以言说，但不是恒常不变之道。代表人物是唐玄宗。

随着马王堆帛书本的出土，第一种解释已逐渐失去了市场。马王堆汉墓帛书《老子》甲本《道篇》首句作："道，可道也，非恒道也；名，可名也，非恒名也。"东汉之前汉语中没有系动词"是"，"……者……也"即表示判断，而非虚拟。正如古文字学家裘锡圭先生所

---

① 尹志华：《北宋〈老子〉注研究》，成都：巴蜀书社，2004 年。

言,"道"若是不可言说,老子又何必说那么多呢?

第二种解释与第三种解释的差异在于对"恒"或"常"的理解。老子所言之"道",确实不是"常人之所谓道",但将"恒"理解为"通常"确实有些牵强。作为天地万物的母体,"道"绵延不绝、周行不殆,并且生化万物,不仅不是不变的,而且变化的方式还千差万别。

《唐玄宗御制道德真经疏》①对此说得最清楚:

> 道者,虚极妙本之强名也,训通,训径……可道者,言此妙本通生万物,是万物之由径,可称为道,故云可道。非常道者,妙本生化,用无定方,强为之名,不可遍举,故或大、或逝,或远、或近,是不常于一道也。故云非常道。

古代的宇宙论并不只有历史价值。万物的本原问题,如今已成为物理学(特别是基本粒子物理学和宇宙学)的研究对象。事实上,不少量子物理学家都偏爱老庄的哲学,其中最突出的是日本科学家汤川秀树。

汤川秀树坦言,老庄思想始终潜藏在他的潜意识之中,影响着他对物理学理论的反思。比如,他将老子的"道可道"解释为"真正的道,即自然法则,不是惯常的道,或常识性的法则;真正的名称或概念,不是惯常的名称或概念"。再比如,他将庄子的混沌寓言解读为"最基本的物质没有确定的形式,同时具有分化成各种基本粒子的可能性",这意味着将老子的"道"诠释为量子场的真空态②。古代宇宙论的启发价值,就在于今人的创造性解读。

---

① 底本出处:《正统道藏》洞神部玉诀类,参校本:敦煌卷子 P.2375 号。
② (日)汤川秀树:《创造力与直觉:一个物理学家对于东西方的考察》,周林东译,石家庄:河北科学技术出版社,2000 年。

二、理

与老子的"道"相比，朱熹的"理"是一个真正的本体论概念。理学在宋代又称"道学"，不过这里的"道"不是老子的"道"，而是儒家《易传》中的"道"，即阴阳变化之道（"一阴一阳之谓道"）。朱熹摈弃了前贤的太极与阴阳这两个用语，改用"理与气"这两个新用语解释宇宙变化，是中国形而上学史上的一大创举。宇宙论催生了变化问题，本体论则要解答变化问题。

朱熹论宇宙万物本体，必兼言理气。宇宙万物中的生成与变化，都是"理与气"共同造就的，两者须臾不可分离。引用朱子的说法：

> 理无情意，无计度，无造作，只此气凝聚处，理便在其中；天下未有无理之气，亦未有无气之理；理未尝离乎气。①

如果我们要在西方哲学中找对应，最恰当的莫过于亚里士多德哲学中的"形式与质料"。

亚里士多德的学说脱胎于柏拉图的共相理论。按照柏拉图的说法，我们要区分两个世界，即变化的世界（感官经验所能觉察的世界）和不变的世界（只有理性才能把握的世界），前者是现象，后者才是本体。本体世界中的各种共相（universal），比如数、三角形、圆、美、正义等，才是最基本的存在。这些共相都是超越时空的，感官只能看到这些共相的个例，比如某个直角三角形、某个美人等。经验世界中的具体事物，不过是这些共相的摹本。柏拉图的共相论，可以说颠覆了我们的常识。按我们的常识，所谓的共相不过是些抽象名词，是我们从经验中概括总结出来的。

---

① 《朱子语类》卷一。

　　柏拉图这一颠覆常识之举，对人类思想产生了巨大的影响。共相犹如思想之“锚”，据此可以建立人类认识世界的基本概念框架。按柏拉图的思想，我们是先有正义本身，然后才有各种正义的行动。类似地，我们先有圆本身，然后才观察到各种近似的圆。特别是，行星不规则的视运动（特别是留、退运动）本质上是圆周运动的组合。基于这一思想，希腊人建立了人类历史上第一门理论科学——数学天文学，其终极形式就是托勒密（Ptolemy）的天文学体系。17世纪牛顿力学的创立，可以说是这一理论体系发展的自然结果。

　　柏拉图的共相论所遇到的最大困难，就是共相到底是如何关联并影响到个体事物的。亚里士多德认为，分沾说（个体事物分沾了共相）不过是“说空话，打诗意的比方”。

　　其实柏拉图也意识到了自己学说的困难。其在晚年的著作《蒂迈欧篇》中提出，宇宙中的万物都是共相与“载体”（receptacle）的结合，这里的“载体”承自阿那克西曼德的“无定”——未分化的初始物质。正如朱熹用“理与气”取代了此前的“太极与阴阳”一样，亚里士多德用“形式与质料”取代了柏拉图的“共相与载体”。按照亚里士多德的理论，宇宙万物都是“形式与质料”的结合，形式（除了作为纯粹形式的上帝）不能离开质料而独立存在。

　　将朱熹与亚里士多德进行比较，并不是为了分出孰优孰劣或孰先孰后，而是为了帮助我们理解他们的观点。

　　先说“气与质料”。朱熹的“气”，显然不是张载所说的“气”。张载的“气”是具象的，与之相比，朱熹的“气”是抽象的，更接近亚里士多德的“质料”概念，而不是其理论中的4种基本实体（水土气火）之一。

　　次言“理与形式”。亚里士多德的“形式”，是一个事物是该事物的原因。这与理的含义可以说别无二致。借用王夫之的说法，"理者，物之固然，事之所以然也"①。

将朱熹的"理"理解为"自然规律"（laws of nature），似乎有"过度诠释"之嫌。更恰当的诠释，应该是"自然类"（natural kinds）的概念，即一个事物之所以是该事物的缘由。"物之固然"，即事物的本质属性。比如，人有仁义礼智之四端，或按西方的说法，人是有理性的动物。"事之所以然"，可以解释为事物的本质属性所导致的结果。比如，一颗种子在适合的土壤和气候条件下会发育成杨树，是因为它携带有杨树的基因。

自然类与自然规律当然是有联系的，但两者不是一回事。从动植物分类学的兴起，到进化论和遗传学的建立，人类走过了漫长的旅程。当然，"事之所以然"也可以理解为亚里士多德的"动力因"。从这个角度看，将"理"诠释为自然规律，也不算特别牵强。

关于"理与气"的关系，朱熹认为，"理"在"气"先，"理"可以先于物而存在：

> 未有天地之先，毕竟也只是理。有此理，便有此天地。若无此理，便亦无天地，无人无物，都无该载了。②
>
> 有是理，便有是气，但理是本。③
>
> 在物上看，则二者混沦不可分开。若在理上看，则虽未有物，而已有物之理。然亦但有其理，未尝实有是物。④

如果我们将朱熹的"理"理解为自然规律，那么上述引文可以解

---

① 语出：王夫之《张子正蒙注·至当》。
② 《朱子语类》卷一。
③ 《朱子语类》卷一。
④ 《答刘叔文》，《朱文公文集》卷四十六。

读为：自然规律先于自然过程。这也正是当今科学界和哲学界的主流观点，即规律适用于反事实的情形。

朱熹对自然界的变化保持着极大的兴趣。他曾于高山上发现螺蚌化石而推之地球史上发生过沧海桑田的变迁；他还基于"气"的运行推断地居于宇宙中央而不是天之下，日月星辰分层布列于外周环运转，月之圆缺乃地球遮蔽日光之故。

遗憾的是，宋之后中国人对自然的兴趣有限，天算家和本草家的目标也不是探究自然之理。但只要我们将"理"诠释为自然规律和自然类，朱熹的思想并不过时。自然科学的目标，就是要发现自然类和自然规律。所有的诺贝尔奖得主，不是发现了新的自然种类，就是发现了新的自然规律或机制。

朱子的"理"，除了可以诠释为自然规律和自然类外，还可以诠释为"自然法"（natural law）。朱熹认为，"性即理也"，性是禀赋于人物之中的天理。朱熹对人性的认识受限于儒家的思想，片面强调人性中的善端，并且想当然地将"忠君孝亲"之类的伦理规范看作是"仁义礼智"的逻辑后承。尽管朱熹的"天理"与英国哲学家洛克的"自然法"实质内容大异其趣，但两者都是"心之所有之理"。

三、心

在朱子的学说中，心不过是"气之灵"。作为理的"能觉者"，心只是一种功能性的存在，其本身没有本体论地位。南宋陆九渊提出了"心即理也"的命题，不过该命题中的"心"特指"本心"，也就是朱熹所言的心中之理，特别是心中的道德原则。陆氏虽然在早年就写出了"宇宙便是吾心，吾心便是宇宙"的名句，但他既不否认作为五官之尊的心，也不否认充塞宇宙之理。相对于朱熹，陆九渊只是更强调人伦之理。

与朱熹甚至陆九渊不同，明代王阳明所求之理，单指道德原则（特别是儒家的伦理规范），与自然之理完全无关。王阳明格竹与朱熹观笋，可谓相映成趣。朱熹曾听道人说，竹笋只在夜间生长，遂在僧舍验之，插杆以记，发现竹笋日夜俱长。王阳明庭前格竹，试图通过观察竹子来获知做圣人的道理，不仅一无所得，反而劳思致疾。

王阳明的龙场顿悟，即感悟到圣人之道只在心中，无须外求。《传习录》①载有王阳明与弟子徐爱的对话：

> 爱问："至善只求诸心，恐于天下事理有不能尽"。先生曰："心即理也，天下又有心外之事、心外之理乎？"

这里的理，指的是儒家的忠孝伦理；这里的事，指的是忠君孝亲之事。所以，心外无事与心外无理是同一个意思。

从"心外无事"出发，王阳明进一步断言"心外无物"。这里的物，指的也是行事。不过，所行之事不仅包括符合儒家伦理之行为，还包括视言动听这类人的一般行为。

《传习录》中，王阳明答徐爱问时说：

> 身之主宰便是心，心之所发便是意，意之本体便是知，意之所在便是物。如意在于事亲，即事亲便是一物；意在于事君，即事君便是一物；意在于仁民爱物，即仁民爱物便是一物；意在于视听言动，即视听言动便是一物。所以某说无

---

① 《传习录》上，《阳明全书》卷一。

心外之理，无心外之物。

更进一步，王阳明将"心外无物"之物从意向行为推及意向对象。《传习录》载：

> 先生游南镇，一友指岩中花树问曰：天下无心外之物，如此花树在深山中自开自落，于我心亦何相关？先生曰：你未看此花时，此花与汝心同归于寂；你来看此花时，则此花颜色一时明白起来，便知此花不在你心外。

这里，王阳明似乎将道德本原之心提升为唯一的形而上学实体，外部事物不过是心的意向对象。

王阳明在儒家的地位，大抵相当于禅宗在佛家的地位。从学理的角度来看，王阳明的心学面临着两个非常大的困难。其一，"心外无物"的论点，有滑向唯心主义泥潭的危险。其二，王阳明强调，本心或良知是分辨"是非善恶"之心，但是非善恶的标准却是儒家的"忠孝仁义"。如此一来，既有的社会规范竟然成了先验的道德原则。

尽管如此，王阳明为中国哲学贡献了一个极为重要的观念，即道德的本原在人心之中，人的本心或良知先天具有明辨是非、知晓善恶的能力。用他的话说："至善者，心之本体。"[1]只要我们跳出儒家的人性论和伦理观，重新思考何为至善，完全可以在这个形而上学框架内建立现代道德哲学。比如说，假若我们接受美国哲学家罗尔斯的主张，将真理和公平作为首要之善或美德，将会给出全然不同的心学。

道、理、心这三个形而上学概念的辨析表明，中国传统哲学要解决的核心问题，与西方哲学并无多大的差异；历代中国哲学家给出的

---

① 《传习录》下，门人黄直录。

解答，尽管带有鲜明的时代和地域特征，但在形而上学层面上是相通的。中国传统的思想资源，通过合理的诠释和重构，完全能够融入现代思想体系之中。

（本文作者郝刘祥系中国科学院哲学研究所所长；本文首次发表于《中国科学报》2023 年 8 月 11 日第 4 版）

量子力学何以大道至简？

孙昌璞

量子力学无疑是科学史上最成功的理论之一，但对于量子力学的诠释，至今并未达成基本一致的共识，本质上存在"一元论"和"二元论"的哲学对立。以玻尔（Niels Bohr）为代表的哥本哈根学派认为，量子力学不能回避二元论的诠释，其波函数描述必须借助经典要素——观测导致波包不可逆塌缩，而相关的测量仪器或观察者只能服从经典物理。具有二元论属性的波包塌缩其实是一种非幺正的演化过程，它与薛定谔方程描述的幺正演化过程不一致。

与爱因斯坦质疑量子力学正确性的角度不同，薛定谔和温伯格等许多著名理论物理学家一次又一次地批评哥本哈根学派的"二元论哲学"，采取了与"多世界"和量子退相干诠释相似的量子力学的一元论诠释：量子力学无须借助经典物理，应当在自身的框架内描述仪器和观察者，解释量子力学测量的结果。

然而，仅仅根据最后的观测结果，通常不能决定哪一个理论是正确的，理论可以不具有解释的唯一性。量子力学有一元论和二元论的诠释，但它们对测量结果的理论预测在理想的情况下却常常是一致的，由此无法区分这些诠释哪一个更好。

这与"地心说"和哥白尼"日心说"之争一样：前者只要加入非常复杂的"本轮-均轮"，后者用椭圆取代正圆轨道，基本上都能解释第谷对天象的观察结果。严格地说，行星视运动有快慢和逆行两种不规则性，而没有均轮的日心说只能解释后者。也就是说，仅仅在"单次"实验的意义下，人们无法区分量子力学诠释的一元论和二元论哪个更好，因为在这些诠释的框架下人们只能预测相同的观察结果。

一、量子力学的诠释与可证伪性

不过，从科学哲学的角度，我们还是可以分辨出量子力学诠释的一元论和二元论哪个更科学。我们只需遵循类似于"奥卡姆剃刀原则"的"大道至简"的价值观：如果关于同一个问题有两种理论都能作出同样准确的预言，那么应该挑选使用假设最少的那一个。

尽管有时方法越复杂越能做出更好的预言，但需要平衡假设的多少和预言能力大小的关系。只有预言结果的多少相对于理论假设的多少呈现出非线性增加，我们才能说这是一个真正好的理论，这正如基于椭圆轨道"日心说"的简约完胜基于诸多"本轮-均轮""地心说"的烦琐。不仅如此，"日心说"以较少的参数给出更多预言，也因此给出更多待定验证的机会。从这个意义上讲，这就是哲学上的"奥卡姆剃刀原则"。

在量子力学诠释的争论中，基于量子退相干的量子测量理论属于一元论范畴。它不引入任何额外的假设，只是把测量过程看成一个少自由度的量子系统（待测系统）和一个多自由度的量子系统（仪器或观测者）的相互作用，整体大系统和两个部分都服从薛定谔方程。这种描述是一元论的，它可以给出测量结果对相互作用（测量）时间依赖的关系，有比二元论更多的、可被比较验证的理论预言。因此，不少人认为量子力学一元论的诠释比哥本哈根学派的诠释更"好"。

需要指出的是，这些对量子力学诠释的具体分析意味着可证伪性是"奥卡姆剃刀原则"的哲学逻辑基础。可证伪性指从一个理论推导出来的结论或给出的理论预言在逻辑原则上有与观察陈述发生矛盾或抵触的可能。该学说的创立者、哲学家卡尔·波普尔认为，"所有科学命题都要有可证伪性，不可证伪的理论不能成为科学理论"①。事实上，这里隐含着伪科学或赝科学（pseudo-science）的定义：逻辑不可证伪性的"科学理论"即为伪科学。你可以证伪"单身汉们都happy"，但你无法证伪"单身汉们都没有 married"这一语义命题。

以上是在讲一个好的理论"大道至简"的道理。这里的"简"是指推论逻辑的"简"，这里的"大"是指可预言的结果尽可能多，从而使理论有更多被证伪的机会。因而，从科学哲学的角度讲，可证伪性是"奥卡姆剃刀原则"的逻辑基础。以下我们用"模型"形象地说明可证伪性与"奥卡姆剃刀原则"的关系。模型如图 1 所示：在一个正方形四角上的 A、B、C、D 代表四个经验事实。连接它们的多边形代表一个"理论"，其内部所有点代表了理论预言的结果。然而，理论是不唯一的。从目前的经验事件出发构建的"理论"，能包含四点的各种平面图形。

显然，"平面纺锤形"理论（b）可以用来解释 A、B、C、D 的经验事实，但我们还需要继续做各种实验去证伪理论（b）：当大部分实验都在平面纺锤形区内，理论（b）就是对的；一旦发现了区域外事实E，则理论（b）就被证伪了，随后我们必须用"三个三角形"构成新

① （英）卡尔·波普尔：《猜想与反驳——科学知识的增长》，傅季重等译，上海：上海译文出版社，2005 年。

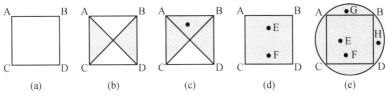

图1 基于事件 A、B、C、D 的 4 个理论 (b)、(c)、(d)、(e)

的理论 (c),它当然包含事件 E;然而当区域外事实 F 出现,理论 (c) 也被证伪了,然后我们建立理论 (d),以此推演,最后我们得到最简单的理论——"圆形"理论 (e):它只有一个参数——半径 R,只需改变 R,就能包含所有的经验事实。因而同样包含了 A、B、C、D 的"圆形"理论 (e),比"纺锤形"理论 (b) 更简洁、更优美,更具"大道至简"之境界。笼统地说,理论 (e) 比理论 (b) 更简洁,它用到的假设和参数更少,但预言的结果更多,有更多被证伪的机会,可证伪性更强。

二、"奥卡姆剃刀"下的量子力学诠释

上文已经指出,当存在两个相互竞争的理论时,为实验数据提供更简单的解释的理论具有选择的优先性。这一"奥卡姆剃刀"剔除了物理上那些有更多假设、可证伪机会少之又少、花里胡哨的理论。其实,由于事实的无限性,任何理论都不可能是绝对真理,科学的方法就是通过证伪试错不断发现理论边界。而越简单的理论就越接近普适的真理——由较少的基本假设引申出更多的事实预测。"奥卡姆剃刀"就是要不断剔除那些有更多假设的、繁芜的理论,保留那些简洁而优美的理论,从而实现科学上的"大道至简"核心价值观。

就量子力学而言,相比于不需要引入额外二元论假设的多世界和

退相干等量子力学的一元论诠释，二元论的诠释（隐性地）假设了一个瞬间内完成的波包塌缩的非幺正过程，这是人类借助任何工具都无法观察到的"瞬间"过程，在物理上没有任何实验能证伪它相关的理论。因此，对比量子力学一元论和二元论诠释的假设多少，并基于"奥卡姆剃刀原则"，人们会倾向多世界诠释这样的一元论。

需要指出的是，不明就里者常常用可证伪性质疑"多世界诠释"，因为观察者从来没有"看到"不同的分支世界。事实上，"存在多个世界"只是后人望文生义的形象比喻，"多世界"（many-worlds interpretation，MWI）创立者、美国量子物理学家休·艾弗雷特三世（Hugh Everett Ⅲ）从来没有这么说。他只是严格定义了"世界分支"和"观察"，并在量子力学自身的框架下证明不同分支间永远不能交换信息，因而别人臆想的世界分裂也不可观察。

这种证明恰恰体现了量子力学"大道至简"的逻辑之美。这正如量子色动力学基于夸克假设可以证明"自由夸克不存在"，而"地心说"通过后来的牛顿定律自证相对运动不可感受一样，都是基于有逻辑力量的"奥卡姆剃刀原则"：证伪的科学方法并不只是基于直接的实验，通常也可以基于有以往实验支持的逻辑推理。

三、当下物理学研究的"逆奥卡姆剃刀"现象

以上看似"形而上"的"哲学"议论并非没有现实意义。大家知道，物理学是实验科学，但什么是实验"证实"理论，怎么使用好实验这把"剃刀"，不少人有着关联利益的理解和实践。

2022 年美国凝聚态物理学家伊戈尔·马津（Igor Mazin）在《自然-物理学》（*Nature Physics*）杂志上发表了论文"Inverse Occam's razor"，

犀利地指出当前物理学特别是凝聚态物理学中的"逆奥卡姆剃刀原则"，破坏了科学可证伪性的基本原则。他说，一些人用新奇的、能够博人眼球的理论解释实验数据，以求结果能够在"高档次"期刊上发表，这显然违背了奥卡姆剃刀原则给出的"大道至简"原则。

根据"奥卡姆剃刀原则"，在两个相互竞争的理论之间作选择时，要选择对实验数据提供更简单的解释的理论。事实上，近年科研界出现了反"奥卡姆剃刀原则"的倾向——"逆奥卡姆剃刀原则"：当存在两个相互竞争的理论时，对于实验数据提供更花里胡哨解释的理论优先。例如，当你观测到反常霍尔电导和线性磁电阻相关的一些输运效应，原则上可以归因于能带简并（Dirac）能带锥，也可以基于一般的能带理论诠释，前者只是后者低能近似的结果。但有些人为了发表"高档次"文章，更愿意采用复杂 Dirac 点来解释，因为这和更复杂的能带拓扑结构相联系。有时候，人们用一些可能与实际材料毫无关系的解析模型来解释，产生大量的时髦（fancy）的理论名词，没有实际意义。

马津还探讨了为什么不提供任何理论解释的实验文章很难通过"高档次"杂志的编辑和审稿人这一关。事实上，提供了理论解释的文章虽说有第一性原理计算支持，然而因其使用的大量可调参数，实际上并不支持任何东西。笔者认为，实验物理学家看到的"理论"预言有可能只是某种"有效近似理论"的结果。不过，近似成立的条件有时十分苛刻，不满足这个条件时实验证实理论都是空谈。

最近关于马约拉纳（Majorana）零模实验的文章被大量撤稿，大都源于盲目相信超导-纳米线（超导-拓扑绝缘体）紧邻复合系统理论上一定会约化到 Kitaev 模型。然而，在实际条件下，它到底能不能约化到理想的 Kitaev 模型，一些理论和实验并没有进行深入细致的探究。如果不能约化到 Kitaev 模型,即使观察到零偏压信号,也不能代表马约拉纳零模,拓扑相变也不会发生,更不会有马约拉纳激发。在这些被撤稿件中,研究人员相信了看似简单却不符合实验条件的有效模型理论预言,有取向地处理数据,得到了看似与理论相符却十分错误的结论。这个例子表明,与个人和团体的学术利益相关时,人们不仅会误用可证伪性,也会滥用"奥卡姆剃刀原则",造成了近乎于黑的学术灰色地带。

其实,"逆奥卡姆剃刀"常常其刃向内,客观上剔除了真理,留下了不精确甚至错误的东西。

四、理论物理"大道至简"的哲学观

以上关于可证伪性和"奥卡姆剃刀原则"的分析、讨论,寓示着科学理论应当"大道至简",它不仅与具体科学实践蕴含的科学思想有某种令人惊奇的契合(如量子力学诠释),而且从新的视角大大深化了人们关于理论和实验关系的哲学性思考。

1961 年,在一次题为"物理学的未来"的演讲中,物理学家杨振宁先生对理论物理的未来提出了看似悲观的观点。在他最近出版的《晨曦集》或再版的《曙光集》新附的后记里,人们可以看出他的观点至今没有多大改变。

虽然杨振宁一直在大力推动高能物理加速器的研究、鼓励自己的学生从事加速器物理的研究工作,但他仍然认为,高能物理实验越来越复杂、费用越来越高、发展需要的钱越来越多,而理论和实验之间"越来越充满隔膜,而且距离物理的现象越来越远",但"物理现象说到底是物理学的源泉"。因此杨振宁"感到今日物理学所遇到的困难有增无减"，他担心"爱因斯坦和我们曾经的大统一的梦想在下一个世纪（21 世纪）可能无法实现"。

面对如此巨大的科学挑战，基础物理学或理论物理未来的出路在哪里？杨振宁认为，"爱因斯坦从自己的经验及本世纪初（20 世纪）物理学的几次大革命中认识到，虽然实验定律一直是物理学的根基，然而数学的简和美对于基础物理概念的形成起着越来越大的作用"。

他进一步解释了爱因斯坦的观点："如果一个理论的基本概念和假设接近于经验，它就具有一种重要的优越性，人们对这样的一种理论自然就有更大的信心……然而，随着认识的深入，我们要寻求物理理论基础的逻辑简单性和一致性，因而我们要放弃上述的这种优越性。"这些论述表明了求简唯美的追求可以帮助物理学发展走出困境。

爱因斯坦（Albert Einstein）、狄拉克（Paul Dirac）和杨振宁的具体科学实践佐证了"美"的标准的合理性。虽然"美"是主观的东西，但它却可以作为理论物理学又一条价值标准。

为说明物理学中的美是什么，杨振宁复述了奥地利物理学家 L. 玻尔兹曼的说法，物理理论有美妙的地方，每一位物理学家对这种美妙有了不同感受，就能形成自己的风格。物理理论之美在于自然物质有结构之美，描述它的理论框架必定有数学之美。数学美给出了比较主观的艺术之美和（物理）科学之美的理性分野：数学美不是人造的，是天道自然的基本属性，亘古有之，在一定意义上是客观的，如在平直空间三角形内角和等于 180°，不依赖任何人的好恶。

以上讨论旨在强调，物理学不仅需要基于实验的"奥卡姆剃刀"使之"大道至简"，而且存在基于数学和逻辑的美学原则，通过唯美的价值取向引导物理学发展。也就是说，基于可证伪性要求，物理学"大道至简"、以简为美，也导致了"宁拙勿巧"的方法论选择，这从科学哲学的角度回答了物理学为什么是基础科学之基础。最基础的一定是最简洁的。

事实上,在理论选择中,我们不仅要遵从基于实验的"奥卡姆剃刀原则",而且要致敬科学逻辑的力量。在追求科学真理的过程中,逻辑证伪与实验证伪两种方法并重,这是理论自身的取舍之道,也是科学发展路径优化选择的价值指南:若无必要,勿增实体。这个"大道至简"的原则回答了为什么历史上人们偏爱有"均轮"无"本轮"的"日心说",而非附加了诸多"本轮"的"地心说"。这也从哲学角度说明,为什么我们倾向没有额外假设的量子力学一元论诠释,摈斥为凑结果而多做公理假设的"二元论"。

如何看待物理学的实质性进展,就是要剥掉那些只有"名词创新"、式样花里胡哨的外衣,让科研实践回归直指发现真理的科学实践,使科学活动不再滑向可能导致学术腐败的灰色地带。

我们常常看到,当今科学研究的确存在一些问题:经费追求无上限、科研目标无界定、百科全书式地漫游与探索,产生了更广义的"逆奥卡姆剃刀原则";增加的多是非必要的,既不面向科学前沿的基础性创新,也不解决需求应用中的"卡脖子"问题。今天,我们的科技要自立自强、走向体系性的学术原创,而对这些问题,我们既需要有哲学高度的深刻理解,也要有遵循"奥卡姆剃刀原则"的具体科研实践。

感谢王川西博士文字协助和翟若迅等同学参与讨论,感谢郝刘祥教授提出的宝贵意见。

(本文作者孙昌璞系中国科学院院士、中国工程物理研究院研究生院教授、北京大学物理学院客座讲席教授;本文首次发表于《中国科学报》2023年8月25日第4版)

在科学解释中为何不能抛弃目的因？

刘　闯　苏无忌

在日常生活中，目的常常是用来解释现象的原因，比如"运动员努力训练是为了在比赛中获胜""竖立标志牌是为了提醒行人"。但在科学解释中，目的似乎完全不在解释之列。科学解释中的因果解释总是在寻找发生在结果之前的原因，这在哲学上被称为动力因。

比如苹果落到了地上，科学的解释是它受到了重力的作用，不会是它有回到大地的目的。在生物演化过程的科普视频或者文章之中，即使作者在作出类似"为了能吃到蚂蚁，食蚁兽进化出了长舌头"的表述之后，往往也要补上一句"这只是一种形象化的说法，演化本没有目标"云云。似乎目的因与科学规律是完全绝缘的。

这与自然科学呈现给我们的世界图景相关。动力因的形而上学基础可以这样理解，宇宙间的事物随着时间的推移不断变化，之前发现的变化总是会导致之后的新变化，因此，对于某变化引起的事件，便可以问在其之前发生哪个事件导致了它。

目的因的概念要复杂一些，它依赖的形而上学框架更加宏大。比如在亚里士多德看来，宇宙中必须存在有目的性结构的系统，整个宇宙就是这样一个系统。像水的目的就是向下流入大海，空气的目的就是升上天空。

然而, 随着科学的发展, 亚里士多德的宇宙观已经被摈弃, 现代科学采纳的是更简洁的动力因的形而上学基础。

虽然目的因解释的地位很尴尬, 但人们始终没能从哲学上弄清楚它为什么不合理。这个问题其实比人们想象得更深刻。亚氏学说中的诸多目的因解释被抛弃, 是因为其解释方法是错的, 还是因为其提供的解释内容是错的? 为什么恰恰相反, 人类行为的目的因解释很容易被人们广泛地接纳呢? 那些目的因解释成立的条件, 为何在解释自然现象的时候不适用了呢? 动物的认知行为是一种有目的的行为吗? 可以或应该用目的因来解释认知行为吗?

这一系列问题是本文讨论的起点。

一、目的因果被排除出科学的图景, 隐藏着更大的问题

从科学史的角度看, 亚里士多德的 "四因说" 是科学解释理论的源泉。但他的因果概念比现代的宽泛许多。在亚里士多德看来, 科学解释即为因果解释, 因果解释也是语意和逻辑理论的重要组成部分。概括地说, 所谓原因, 就是 "为什么某某会是这样的" 这类问题的回答。

亚里士多德的四因有: 质料因、形式因、动力因和目的因。以一尊铜像为例, 它为什么坚硬又有金属光泽? 这是 "因为" 它是由青铜铸造而成的, 青铜即为其质料因。为什么铜像看上去像人? 这是因为它具有雕塑艺术的某种形式。这就是它的形式因。该铜像为什么会出现或存在? 这是因为它是某工匠或艺术家的作品。这是动力因。该铜像的目的因可以说是为了表彰人物。

"四因" 可分为两组, 质料因和形式因一组, 动力因和目的因一

组。根据德国哲学家莱布尼茨的形而上学原理，前一组的因和果必定是同一的，属于同一个体；而后一组的因和果则可以属于不同的事或物。青铜像的"青铜"与"像"必定属于同一个东西，而创作它的艺术家与形象所表彰的人物都与青铜像不是同一个东西。后一组因果的概念更具有"一物生一物"的含义。

也许就是这个原因，四因说中只有后一组因果概念为后人继承下来。经过近代科学对自然现象的"祛魅"，目的因逐渐从自然科学的解释模式中消失，动力因被近现代科学改造成为解释自然现象的唯一合法进路，但目的因在人文科学领域仍然保持着它应有的地位。解释理性人类的行为似乎不可能彻底排除援引行为的动机、意向和目的。

哲学家休谟（David Hume）和康德（Immanuel Kant）都对日常和科学的因果概念作了独到的分析。在休谟看来，即使是解释人的行为，因果解释的模式仍然是动力因：某人前一时刻的动机导致他后一时刻的行为，因此给出该行为的动力因果解释，只不过在"动机"中包含了诸如行动的目的等意向性的东西。

举个例子，说张三打了李四"是为了"惩罚他是目的因果解释。首先必须意识到，这个解释与亚里士多德说重物自然落向地面"是为了"回到地球中心的解释完全不同。张三作为有意识和意向的人，他行为的目的可以在他的意识中转化成他行动的意向，作为动机驱动他的行为。换句话说，"张三打李四是为了惩罚他"可以无遗漏地转述为"张三因为想惩罚李四而打了他"。后一句便是动力因果解释的例子。亚氏的那个解释则没有这样转述的可能，至少在当代科学的语境中不能说"重物因为'想'回到地球中心而落向地面"。

而康德为目的因作了有力的辩护。在他看来，生命体与无生命体之区别在于体内各部分的联系是否具有"目的性"，以及个体是否为自身的原因（同类繁衍）。而无生命体既不能产生自身，也不具有统摄整体的目的性，因此只可能有动力因果解释。

康德的目的因果观在今天看来有一点值得借鉴。自然系统为繁衍（即自身因果）而作的付出，成为系统各部分相互合作的目标，因此适应度（fitness）便可以被用来解释器官及其功能的存在。正如英国经济学家、博弈论四君子之一宾默尔所说，要想知道鸣禽为什么在早春不停地引吭鸣唱，苦苦追寻其动力因是没有希望的。即便你知道了所有鸣禽在早春时节体内的分子排列、化学反应、环境影响……你也不会离回答该问题更近一寸。可是该现象的目的因果解释却非常简单，鸣禽为了在繁殖季节保护自己的地盘，用长期演化出来的"歌喉"向其他鸣禽"宣布"它的拥有权。[①]

从以上对目的因果的分析，可以得出以下结论：对于自然界中有意识意向的系统，解释其有目的的行为并不需要沿用传统目的因果的解释模式，因为系统的意向蕴含着行为的目的性，而意向就如同欲望，则是心理解释中常用的动力因果解释要素。

相反，不具有意识意向的系统，其目的性行为的解释却不可能用这样的手段来转换，不能直接说某生物体具有增强其繁殖机会的意向，因此通过一代代长期的努力成功地拥有了大脑、血液等。

如此看来，从现代科学的视角，目的因果的根源不就是"拟人化"的结果吗？在远古时代，人们普遍相信"万物有灵"，因此把万事万物都当作人一样去解释它们的行动，从而产生各种目的因果的解释。

随着科学进步，科学家发现，它们并不是像人这样的，因此目的因果就被排除出了科学的图景。如此一来，一切都能解释得通。

但是，这背后隐藏着更大的问题，人类行动的意向性或目的性是

---

① K. G. Binmore, *Natural Justice*. New York：Oxford University Press，2005.

哪儿来的？人的行动为什么会有目的，为什么可以用意向或理由来解释行动？难道不是自然之中真的有目的因果的存在，而人类的行动遵循了它吗？

实际上，我们看到，自然科学之中真有这样的概念。

二、大自然中的运动完全无目的性可言吗

熵是热力学中的重要概念。不严格地说，它象征了系统的混乱程度。孤立系统的熵只增不减，直到达到熵最大的热平衡状态。爆炸将高楼化为废墟、高楼因年久失修而倒塌、人终究要死亡等都是热力学熵增原理的必然结果。

整个宇宙可被看作一个巨大的孤立系统，最终它也只能达到热平衡，也就是奥地利物理学家玻尔兹曼所说的"热寂"，宇宙的各部分都具有同样的温度，不复存在宏观的运动或变化。熵增过程是宏观系统无时无刻不在经历的过程，而其终点即系统的最大熵值或热平衡态。

那么可以说热平衡态是所有宏观系统运动变化的"目的"吗？人生的目的是死亡吗？宇宙的目的是热寂吗？这样说似乎非常奇怪，但热现象的这种目的性，实际上是其他种类的目的因果解释的背景。生物系统几乎都是为了"反抗"热力学目的而存在和被认识的。这就是为什么说，如果没有死亡，为了生存而奋斗就不能被称为生物世界的目的了。

耗散、死亡或者热寂这样的"目的"似乎没有被科学家视为解释自然现象的目的因果解释机制。我们在热力学中找不到明显的相关例子。而其中一个很重要的原因是18世纪关于热的本质的争论以"运动说"战胜"热质说"告终——英国物理学家朗福德用实验证明了热量

与物体内微观部分无序运动的关系。从此耗散和死亡等现象均得到了满意的"动力因果"解释。系统的熵之所以不减，是因为系统内微小粒子不停地、无序地运动，而不是冷热不同的东西接触后会趋于一致，是"因为"热平衡是它们的共同目的。

上文说，康德是近代哲学中维护目的因果解释的第一人。但他并不是以"回到亚里士多德"这样的口号来捍卫的，他深知牛顿力学的胜利对目的因果解释的毁灭性打击。因此，康德认为目的因果解释作为科学的解释进路，只有在生命现象中才有一席之地。

康德对生命现象的目的因果论把系统的繁衍作为必要条件之一，另一个条件是系统各部分相互合作是"为了"维持系统的生存，而此目的反过来为部分为何存在提供了解释。问题来了，虽然生存和繁衍的确可以科学地当作生命体的终极目的，但为此目的生命体内各部分为什么必须具备它们特定的形态与功能，部分之间又为什么必须如此这般相互联系呢？比如热系统变化的目的是达到热平衡，而系统内各部分必须具有交换热量以求均温的倾向或功能，这样的目的因果解释似乎简单清晰、没有问题。

可是生命体的目的因果解释却没有这么简单。首先，什么是生命体的生存状态（或有繁衍能力）？系统需要具备什么条件才能生存繁衍？再有就是，怎么知道生命体为了生存繁衍的目的必须有器官与器官间的合作？不能回答这样的问题，康德式的目的因果解释就无法自圆其说。当然，我们现在知道，达尔文的演化论可以为康德的目的因果论提供自然主义的诠释。

达尔文演化论的原始隐喻是家畜育种，《物种起源》便是以这个隐喻开篇的。大自然像一位高明的育种员，利用环境中不同物种的生存竞争来自然选择最适应环境的物种（准确地说是种群内的竞争）。因为每个物种世代同类繁衍，生存竞争与自然选择在时间的长河中造就了地球上的物种。如果得冠的赛马是人工选种培育的结果，那么野马或者任何其他动物植物便是自然选择培育的结果。育种员有目的和方法，比如培育赛马的目的是让它跑得快；大自然同样有目的和方法，但自然选择的目的只有一个，即选择最适应环境的物种。

　　演化博弈论是成功引进了经济学的博弈思想、用"适应度"替换"效用"而得到的理论。它拓展了达尔文演化论，把仅能考虑物种与环境的契合的演化论，变成了不仅能考虑环境还能考虑种群中其他特性或策略的博弈竞争理论。这里的隐喻就不再是大自然是家畜育种员，而是种群是有理想和目的的博弈者。显然，演化博弈论现象的目的因果解释中的"原因"都是"最大化适应度"。

　　那么要问，为什么生物学和热力学不同，目的因果解释似乎仍然占据了一席之地呢？当然，生物学中有很多现象都是用动力因果解释的，比如说肢体创伤的发生和治疗。只有演化论这片领域，目的因果仍有地位。那么要再问，这种目的因果解释最终可能被动力因果解释取代吗？有可能把血液存在是为其所属肌体供氧的目的转变为动力因吗？又有可能说，血液"器官"①"知道"自己的功能，所以为此功能而存在和行动，就像消防员知道自己对社会的功能，因此履行职责一样吗？前者似乎不行，而后者显然不行。

　　现在的问题是首先要解释为什么大自然中存在以供氧为功能的血液。这样的问题正好是演化博弈论可以圆满回答的。即便我们找到了每一份存在过的血液生成的动力因果解释——哪一组分子发生了怎样

---

　　① 在生命结构的层次中，器官位于组织和系统之间。但在这里我们不考虑生命结构的层次，凡是在演化中出现的有目的性的结构，无论是细胞器、细胞、组织，还是器官、系统，都宽泛地称为"器官"。因为在演化的合目的性这件事上，它们并没有什么区别。

的生物化学反应后产生的血液，我们还是没有回答"血液这样的'器官'为什么会存在"这个问题。

回到亚里士多德解释重物下落的例子，我们可以看出，"重物的目的是回到地心"与"血液的目的是为所在肌体供氧"，其实不是同样类型的目的因果命题。因为把地球中心的目的因果解释换为万有引力的动力因果解释，重物下落的目的性便被取缔了。但是把血液行为的解释换成动力因果解释，血液服务肌体的目的依然存在。而这一点对于生物现象中同类的目的因果解释均成立。这也是康德目的因果辩护的重点，那就是生物体的各个部分为了维持整体的生存而各自具有合作功能。

上文已经说过，达尔文演化论弥补了康德目的因果论的局限，为部分与整体之间的目的论关系提供了理论基础。同样的结论也适用于鸣禽为何在早春引吭的目的因果解释：即使找到这种行为的具体动力因果细节，鸣禽早春引吭的目的——相互告诫不要侵犯对方的交配领地——仍然存在，并且用它来解释行为似乎仍是合理的解释选择。

总结来说，大自然中原子、分子在离散状态下的运动似乎完全无目的性可言。对这类运动的解释似乎只能用动力因果解释。但即便有目的，用它而不是用动力因来解释似乎还是有问题。

热平衡是所有（孤立）热系统变化的终极目的，但用它来解释热系统的行为似乎不合适，部分原因是，在许多情况下，热力学需要解释的恰恰是系统如何由于某种原因（即动力因）克服了熵增的趋势。

然而，在生物学领域中，康德坚信存在着自然的目的因果，目的因果是解释生物体生存繁衍现象的合理模式。达尔文的演化论及其后续发展似乎为康德的目的论提供了应有的补充。

三、生命体的各种演化现象也遵循极值原理吗

熟悉美籍华裔科幻作家特德·姜《你一生的故事》①（其被改编成电影《降临》）的读者应该记得，其中的外星人七肢桶用费马定理作为它们物理学最基本的原理。费马定理说，光实际走过的路径一定是所有连接起始点和终点之间路径最短的。从费马定理中可以推导出反射、折射、透镜成像等几何光学的所有定理。第一次读到此处的读者一般都会震惊，因为这个表述似乎光线一开始就知道自己最后要去往哪里一样。

如此使用费马定理构建科学理论也并非仅仅是科幻作家的构想，一切都可以归结到极值原理（extremum principle）的各种不同形式与作用。在物理学中，几乎一切理论都可以从"最小作用量原理"中推出：与牛顿力学等价的哈密顿力学中，物体（物理系统）的作用量（action）是与物体的动能和势能有关的拉格朗日函数在相空间上的积分；当它取最小值时，可以得到与牛顿方程等价的欧拉-拉格朗日方程。经典力学的运动方程是以动力因果来解释力学现象的基本自然规律，而最小作用量原理则"解释"了物体为什么会遵循这个方程而不是其他方程运动。经典力学、场论、狭义和广义相对论、量子力学，以及经典或量子流体力学都可以从最小作用量原理中推出。

那么是否整个物理学都可以纳入最小作用量原理呢？情况并非如此。最小作用量原理适用的系统，在物理学中叫作保守系统（conservative system），也是能量守恒的系统，或者是系统内没有"耗散"现象发生。那么耗散现象遵循任何极值原理吗？上文提到的热力

---

① （美）特德·姜：《你一生的故事》，李克勤等译，译林出版社，2015年。

学第二定律，或熵增定律，也即耗散现象的极值定律。孤立系统的任何变化，要么是熵不变（可逆过程），要么是熵增过程（不可逆过程）都可以算极值原理。

上一部分已经谈到演化论中的目的因果解释，那么生命体的各种演化现象也遵循极值原理吗？从最新的理论——自由能原理的角度来看，极值原理仍然是比生命现象更为基本的自组织系统行为的基本原理。

以英国理论神经科学家卡尔·弗里斯顿（Karl Friston）为代表的神经心智科学家在 21 世纪初发明的理论表明，大自然中的自组织系统之所以能够抗拒耗散、维持自身远离热平衡态，就是因为这种系统遵循最小自由能原理。[①]这个原理在理念层面上与上文讨论的最小作用量原理一脉相承。

演化现象是"复制子"生存繁衍的现象，复制子可以是基因，也可以是个体或群体，甚至可以是文化单元，如模因。当代演化论的"运动方程"更像是分子动力学方程，方程的解中有所谓的演化稳定策略状态。具备某些特征或策略的物种一旦达到这个状态，既可以保持稳定且不被其他特征或策略侵入。这个特殊状态的原型是经济学中的纳什平衡态，而它们都有热平衡状态的影子。

没有复制子的多元化机制（如基因突变）和自然选择就没有演化现象，而这一切都离不开更为原始的"自组织系统"的存在。根据以弗里斯顿为代表的能动推理学派的理论，维持自组织系统的条件是马

---

① Thomas Parr，Giovanni Pezzulo and Karl J. Friston，*Active Inference：The Free Energy Principle in Mind，Brain，and Behavior*. Cambridge：MIT Press，2022；Andy Clark，*Surfing Uncertainty：Prediction，Action，and the Embodied Mind*. Oxford：Oxford University Press，2019；Jakob Hohwy，*The Predictive Mind*. Oxford：Oxford University Press，2014.

尔可夫毯（Markov Blanket）①，原理是"最小自由能原理"。

自组织系统的存在和发展既需要与环境隔离以防耗散，又需要准确"认识"环境以便在生存竞争中得胜。前者为主要需求，由马尔可夫毯满足，后者是在前者的前提下演化出来的"对策"机制，而系统的自由能最小化则是系统对策机制演化的约束原理。

可以从理论上推导出，在满足生物系统的其他生存条件的情况下，系统在马尔可夫毯内能够最小化自由能的认知系统是一套遵循贝叶斯推理原理、最小化预测误差的多层次机制。从这个意义上说，动物心智不但本身是一部遵循极值原理的机器，而且它的诞生也是遵循极值原理，通过演化博弈的漫长过程演化而来的。

四、最基本的力学现象同样需要目的因果解释

从上述论证可以看到，在自然科学之中，虽然都是统一用动力因果规律解释的自然，但是有了自然规律统一的动力因果解释还不够，还可以再问为什么。比如，为什么重物运动的动力因果是以关于引力的定律统一决定的？最小作用量原理的确最终回答了这个问题。因为它不仅告诉我们物体必须怎样运动，这是一阶自然规律的范畴，还告诉我们为什么它们必须这样运动，这就是二阶或元原理的作用。重物自然下落而不是往上飞，是因为地球中心是被地球弯曲了的四维时空中按照惯性走"直线"的方向（爱因斯坦引力场论的最小作用量原理如是说）。难道说这不是"目的因果解释"的典范吗？

---

① 简单来说，一个生物系统具有马尔可夫毯，是指它具有了某种膜或壁的结构，将系统的内部与外部隔离开来。外部的能量和信息只能通过这种膜或壁与内部交流。具备马尔可夫毯的系统即成为所谓的自组织系统，出现了内外分离但又依赖与外部的交流生存的状态。

由此，我们可以知道目的因果解释绝不仅仅在生物现象领域中才有立足之地，最基本的力学现象也需要目的因果的解释。弄清了自然规律与最小作用量原理之间的关系，也就弄清了动力因果与目的因果之间的关系，我们看到目的因果是统一或奠基动力因果的元层次因果律。

历史上诸多目的因果解释，如上文提到的亚氏的解释被正当地抛弃，不是因为它们是目的因果解释，而是因为它们是错误的解释。这个情况与历史上不少动力因果解释之被抛弃是同样的道理。正如上文说到的，时空弯曲解释重物下落是亚氏目的因果解释重物下落的当代版本，两者都是目的因果解释的范例，不过前者对后者错而已。

目的因果解释的成功与否往往取决于解释现象的形而上学理论框架是否成功。但即便是相信实证主义，极值原理的功能仍然可以理解。自然规律不过是观察实验数据的简单归类，而它们之所以各自具有不同的形式但都是自然规律，则是因为它们都具备最简单省力的形式，这可以说是对极值原理的实证主义诠释。

同样，依靠极值原理，我们也可以知道生物感觉和器官的目的性从何而来。为何哺乳动物的眼球可以转动？简单的回答可以是，它是为了观察时眼睛有一定的"行动"能力来帮助消除预测误差。如果眼球不能动，生物体往往用复眼的结构来达到同样目的。

（本文作者刘闯系中国科学院哲学研究所学术所长、复旦大学特聘教授，苏无忌系复旦大学哲学学院博士研究生；本文首次发表于《中国科学报》2022 年 9 月 22 日第 4 版）

意识难题为何是科学研究难以跨越的鸿沟？

吴东颖

当代科学哲学对脑科学、心理学与认知科学方面有什么样的理论贡献与进展？如何评估哲学对于强化和促进科学假说、统筹人文与科学协调进步方面的优势？本文的论述希望能引起有科学背景的读者的思考与探讨。

一

伴随认知神经科学、人工智能科学的发展，我们对于人类心智本质的理解日渐深入，从哲学视角对人类心智解释理论的迫切性也提上了日程。

心理学、认知科学与脑科学的形而上学问题包括：心智（mind）存在吗？心智（的本质）是什么？心、意识和大脑有什么关系？心智如何不同于大脑？①有没有可能用科学来解释与理解意识？神经科学能告诉我们意识是什么吗？心智如何与世界发生因果互动？心智如何拥

---

① 有人可能会对这个问题感到困惑，因为心与大脑是同一的。但这正是本文下述的心脑同一论立场，详见本文下面对这一立场的讨论。

有关于外部的知觉内容？

有学者认为人工智能时代将至①，因此对人类心智的理解有助于启发人工智能技术创新。但人类心智具有一些与动物或机器有所区别的重要特征，这些特征与区别涉及的问题包括：心智的本质是计算机程序吗？计算机或人工智能有可能自我思考吗？心智能存在于不同种类的事物如电脑或机器人中吗？

本文从心物问题出发，梳理各种心理理论的重点与难点，提出意识问题对当前科学理论产生的困难，最后建立哲学理论与经验科学之间的研究对话，加深对心智本质研究的发展。

为方便讨论，依照当代哲学文献的多数习惯，本文对以下哲学专业用语作定义与区分。

将所有心理现象区分为静态的心理状态与心理过程，后者包括推理、记忆、学习、识别、概念化等过程。前者可再分为意向状态与非意向状态。意向状态指以其他事物为对象的状态，包括信念、欲望、希望、喜欢、怀疑、判断、担忧、思考等。非意向状态包括感受质、经验与情绪。

将宇宙万物区分为实体与属性。实体指可以拥有（例示）属性的事物，常见的实体包括粒子、细胞、每个生物、行星、星系等个体具体事物；属性又称共相，指能被多个实体拥有（例示）的抽象事物，包括数、颜色、形状、重量、生物学的种属、关系、德性、美等。也可暂时笼统地以主谓词区分理解实体与属性的区别。作为主词的称为实体，作为谓词的称为属性。如"雪是白色的"涉及实体"雪"与属性"白色"。又如"切克闹是猫"涉及实体"切克闹"与属性"猫"。

---

① 赵广立:《通用人工智能时代，中国如何迎接新挑战》,《中国科学报》2024 年 3 月 8 日，第 4 版。

　　将"事件"定义为某一实体在某一时间点拥有某个属性。两个事件是同一事件，当且仅当同一实体在同一时间拥有同样的属性。所谓一个属性"因果地"（causally）引起另一个属性，指的是一个属性的拥有因果引起另一个属性的拥有。这里的"因果"指一般科学意义上的因果关系，如"点火柴引起火燃烧"或"抽烟引起肺癌"，与这两句话涉及的因果的用法相同。

　　所谓的心物问题，讨论的是心与物（指神经元、大脑与身体等物理层面的事物）之间如何产生联系，所以核心问题是心与物如何因果互动。当然，常识已预设了心物之间有因果关系。

　　例如道德心理学强调的自由意志与道德责任，必须预设我们的身体行动是由心理因果产生的，也就是心物因果。乍看之下，心物问题似乎是科学问题。而心智是如何产生因果作用的，只能依赖科学回答。但近代至当代从事心智哲学方面研究的哲学家，指出了许多心物因果的困难，预示着这个问题是科学实验无法解决的。

二

　　我们从"心智是什么"这个问题开始。按照上述的区分，如果将心智作为实体而不是属性，这种立场称为实体二元论。实体二元论者认为，我们可以想象心智不依赖身体而独立存在，但心智与物理实体（例如神经、大脑、身体）不同，物理实体占据空间且没有思考，但心智是一种不占据空间却能思考与感受的实体。

　　近代哲学家笛卡尔主张心智实体是灵魂。这种心智实体存在于大脑中，尽管不能被科学所解释，但是能与大脑的松果体产生因果作用，进而引起身体动作。

但这种想法会产生不少问题。既然心智实体不占据空间，那就不可能与空间中的脑神经产生因果作用，所以这个观点在当代科学中已站不住脚。而且根据能量守恒定律，一个系统中的能量不能无故生成。但心智实体作为不占据空间的事物，如果对大脑产生因果作用，应该是产生了额外能量，违反了能量守恒定律。

更严重的问题是，如果心智实体不在空间中，那么心智实体如何能锚定在身体中呢？为什么在飞机上加速到时速数百千米时，心智实体也会跟着身体一起加速运动呢？既然是不占空间的，讨论心智实体的空间位置似乎毫无意义。

如果摒弃实体二元论，那也可以采取一元论的立场并且主张世界上只有一种实体。如果这种实体是物理实体，这种立场就被称为物理主义。

物理主义分为强物理主义与弱物理主义。强物理主义认为所有的实体与属性都是物理的，不存在心智实体或心智属性，这种立场又称为取消论。弱物理主义认为所有的实体都是物理实体，不存在心智实体，但存在心智属性，这种立场又被称为属性二元论。观念论则认为世界上只有心智实体，没有物理实体，世界由心所构造。

20世纪90年代有些哲学家提出一种特殊的一元论，主张宇宙中最基础的事物普遍拥有某种元心智属性，或这种基础事物既不是心智也不是物理的实体，但这种实体可以产生心智属性与物理属性或实体。前者立场被称为泛心论，后者立场被称为中立一元论。

在介绍属性二元论之前，必须先引入与心物问题相关的"还原"概念。例如属性"作为没有结婚的男人"可以还原为属性"作为单身汉"。而所谓心物属性还原指心智属性可还原为物理属性，既然身可以产生因果力，那么心也可以。

　　这里可以进一步细分，如果将心智属性还原为行为属性，这种立场被称为行为主义。如果将心智属性还原为大脑脑神经方面的属性，这种立场被称为心脑同一论。这两个立场也被称为还原物理主义。

　　行为主义流行于 20 世纪中期的心理学。受到当时科学思潮的影响，只有客观科学实验所能观察的对象才是科学，心理学的目标是预测与控制行为，大脑或主观状态是黑盒子。例如，疼痛就是某些行为规律或倾向：颤抖、冷汗、心跳加速、流泪与发出哀号等声音。既然心就是行为，心物因果问题自然消解。

　　但问题是，心显然不是客观的生理反应。疼痛是内心的主观感受，而不是可观察的身体反应。哲学家曾举出几个例子，设想一位演技精湛的演员，能演出疼痛的所有身体反应，但是内心完全没有疼痛的感受。又设想一位刚毅的军人，即使感受到剧烈的疼痛，但外观上完全无法观察。[1]既然疼痛与相关身体反应不一定一起发生，那么疼痛显然不是身体的行为反应，所以行为主义有问题。

　　心脑同一论将心智属性还原为脑神经属性，将心智等同于大脑神经活动，心理事件就是大脑神经事件。这个立场不否认上述心理过程与心理状态的存在，这些都是具有心智属性的事件，例如"张三感到疼痛"就是张三具有"感到疼痛"这个心智属性。但是进一步强调这些心智属性全部都可以还原为某种脑神经属性，例如"感到疼痛"可以等同于"脑神经某 c-fiber 激活"[2]。既然心智属性就是脑神经属性，而脑神经能对身体产生因果力，心智当然也有因果力，心物因果问题因此解决。

---

　　① Putnam H，*Brains and Behavio*r. In：Butler R，*Analytical Philosophy：Second Series*. London：Blackwell，1963，pp.1-19.

　　② David K. Lewis，*Mad Pain and Martian Pain*. In：Block N.，*Readings in Philosophy of Psychology*，Vol. 1，Cambridge：Harvard University Press，1980，pp.216-222.

有哲学家指出心脑同一论无法解决的问题是，心智具有多重可实现性。心智属性可被不同的物理属性所实现，因此心智属性类不等同于人类的脑神经属性类。例如，疼痛可能不只被人类的某 c-fiber 脑神经群的活动所实现，也可能被非常不同于人类脑神经的其他物种的脑神经所实现，如章鱼。因此心脑同一论不一定正确。

三

物理主义还有一种可能分支是取消论。取消论不将心智属性还原为任何物理属性，而是直接否认心智属性存在。

按照取消论的观点，我们所熟悉的那些心智属性，包括信念、欲望、希望、喜欢、怀疑、判断、担忧、思考、感受、经验与情绪，这些常识心理学的概念都不存在。

取消论之所以否定常识心理学的理论，是因为常识心理学理论是在脑神经科学发展之前，人们为了描述心理现象所创造的理论，类似于古人为了解释自然现象所创造的神话与迷思，或早期科学为了解释自然现象所创造的燃素与以太。这些古老的、过时的、错误的或不精确的理论都应该被摒弃，转而被更先进的科学表达所取代。

取消论主张常识心理学的理论与概念是古老、过时且不精确与错误的，应该摒弃这些理论概念并且以脑神经科学取而代之。疼痛、快乐与悲伤这些概念都是不存在的，存在的只有脑神经活动。取消论的明显问题是，常识心理学提供的相关概念与理论依然是认知科学与心理学的主流，它们的解释力与预测力仍然很好。

还原物理主义（行为主义与心脑同一论）似乎蕴含掌握了物理知识就能掌握心理知识的倾向。但这未必正确。

设想一位天才科学家,从出生就戴上只能显示黑白色的眼镜。他学习了物理学、生物学、心理学、认知科学与脑神经科学的知识,并且掌握了人脑看到红色的所有相关科学知识,尽管从未亲眼见过红色,但当他摘下眼镜的那一刻,手上鲜红的苹果让他第一次看见了红色。此时,他才终于知道红色,增加了新的关于红色的知识。可见,有些关于心理的知识不能被物理知识所掌握。

上述的行为主义与心脑同一论将心智属性还原为一些物理属性。如果摈弃行为主义与心脑同一论,认为心智属性不可还原为物理属性,并且心智属性本质上与物理属性不同,这称为反还原物理主义。

如果两者属性不同,心智属性的本质是什么,又是如何产生的?对此,功能主义者的回答是,心智属性的本质是功能状态,是物理系统所实现的一种功能类。涌现论者的回答是,心智属性是物理系统在宏观层次所涌现的特殊属性,但不依赖微观层次的物理组成部分或组成方式。

英国数学家和计算机科学家阿兰·图灵在 1950 年发表的文章《计算机器与智能》提出的经典问题是"机器能思考吗?"并且提出图灵测试。[1]20 世纪 60 年代美国哲学家普特南主张人心是图灵机,而大脑就是执行图灵机的硬件。

功能主义者认为,心智属性是功能属性,心智状态是功能状态。例如,处于疼痛的心理状态就是处于可以透过输入与输出定义的功能状态,其中输入可以定义为身体组织损伤,输出可以定义为呻吟、尝试用手按压疼痛部位、相信自己正处于疼痛等。这些功能状态是可以多重实现的,如果一台电脑正好处于和人类相同定义的"疼痛"功能

---

[1]　Turing A. M., Computing Machinery and Intelligence, *Mind*, Vol. LIX, Issue 236, 1950, pp.433-460.

状态，那么电脑也处于疼痛。

　　与心脑同一论不同的是，功能主义不将疼痛状态等同于实现疼痛的脑神经状态或电脑的电路状态。正如电脑的软件不同于硬件，而软件须透过硬件才能实现，功能主义主张心理属性是高层级的属性，与那些实现高层级属性的脑神经有别。

　　换言之，"心智"是一种可能庞大复杂又难解的"软件"，而大脑是执行"心智"的"硬件"。大脑有数亿个神经元，每个神经元处于激活或不激活的状态，正如常见的电脑的硬盘上也有数亿个千兆字节（GB），每个二进制位（bit）处于 1 或 0 的状态。大脑如同电脑，也有负责工作记忆（缓存）的区域及长期记忆（硬盘）的区域。

四

　　在当前人工智能的大潮流中，功能主义或许是最受欢迎的心智理论。如果我们能发明"心智"的软件，那么就能在电脑上实现心智。人工智能将可能有心智，甚至有意识，或许最终能将心智上传至电脑中。

　　不过，功能主义同样有很多困难，哲学家指出最大的困难是意识。

　　这里"意识"指一种第一人称的主观视角体验。为了帮助理解，美国哲学家内格尔提出如何设想作为一只蝙蝠是什么样的体验？蝙蝠视力差，但有强大的声呐能力，利用声波的反射在环境中移动与寻找猎物。在蝙蝠的第一人称视角中，四周的环境与猎物是以声呐建构出来的。我们很难想象作为蝙蝠的第一人称体验，蝙蝠也很难想象作为人的视觉经验：世界具有斑斓丰富的颜色、清晰的轮廓、刺眼的太阳、深邃的黑暗。这种主观视角体验就是意识，是我们清醒着与完全睡着之间的差异，是这个世界呈现给我们的那个样子。

设想处于"看到红色"这个心理状态。可能同时有另一个人同样处于这个状态，有红色视觉经验的输入，也有相信自己看到红色、嘴上说是红色的等同样的输出，但是他的主观视角体验的却是绿色。我们无法判断他意识到的是不是红色，因为从他出生以来就称这个颜色为红色，他的行为举止跟我们看到红色的输入输出反应完全相同。

甚至可以设想可能他没有意识体验，但是外观上看起来跟我们完全一样，行为举止、言语表达完全正常。这些思想实验显示，功能主义者在概念上将心理状态当作由输入与输出定义的功能状态，但功能状态无法包含意识。

科幻作家刘慈欣的小说《三体》第一部中，描述了一段三体外星古文明利用大量的士兵模仿图灵机的纸带（电脑的位元组），文官们负责记录结果（状态暂存器），共同执行一个事先写好的规则指令（软件）①。小说中的文明试图利用这种方式实现计算机的运行（被称为人列计算机），并以此运算恒星三体运动的轨迹。如果功能主义是正确的，那么可以将心写成一组指令规则（软件），设想将士兵人数增加至数十亿或百亿，并且共同执行这个"心智"的软件。

尽管整个人列计算机的运算输出结果可能看起来犹如人在说话与思考，而且当人列计算机进入"疼痛"这个状态时，也会输出"相信自己正在疼痛"、"发出哀号的声音"与"想办法停止疼痛"的结果等。

问题是谁感受到疼痛了呢？是整个人列计算机的每个士兵都感到疼痛还是文官们感到疼痛？抑或是负责读写头角色的士兵们感到疼痛？看起来，功能主义无法解释人的意识问题。

另一个问题是，功能主义所描述的心只是语法机而不是语义机，但心智可以处理语义。设想一间屋子内有一个完全不懂中文的人、大

---

① 刘慈欣：《三体》，重庆：重庆出版社，2018 年。

量的笔记本，以及一本某中文母语者心智的指令规则书。屋子外的人可以将中文的问题通过字条穿过门缝递给屋内的人，屋内的人按照这本书的规则分析字条，在笔记本上执行图灵机运算后，输出中文回应发给屋外的人。看起来，屋内的人就是图灵机的读写头，书就是控制规则表。问题是屋内的人不懂中文，他只是按照书的规则操作他看不懂的中文。

所以在功能主义所描述的图景里，心智只是操作语法规则的机器。然而，人心是懂语言的意义的，人类利用语言的意义与指涉来指向外在的事物与辨明句子的真假。这种心智的特征被称为意向性。心智是可以关于或指向外在事物的，但物不能。

功能主义还有很多问题，比如琐碎性（几乎所有物理系统都可以被说成是计算）、图灵机的限制（心脑有某些能力但机器没有）、连续与离散问题（电脑是离散的，但心智未必是）、类比与数位问题（电脑是数位的，但心智未必是）、具身认知（指心智与认知活动由脑、身体与环境共同构成，但电脑只限于符号操作）等。

反还原物理主义似乎也不能解决心物因果问题。如果物理系统的因果是封闭的（指如果一个物理事件在时间点 t 有原因，那么这个物理事件在时间点 t 有一个充分的物理原因），且心物之间有随附关系（指当一个心智属性 M，在某时间点 t 被某个实体 x 所实现，是因为 x 在时间点 t 也实现了物理属性 P，以至在任何时间拥有 P 都必然同时拥有 M），那么 t 时间点的物理属性就已经充分地且因果地引起下一个时间点的心智与物理属性，没有给心智属性产生因果力的空间。

换句话说，心智属性不产生任何因果力，但这个结论违反了本文一开始提到的常识的心物因果。逻辑上这将导致几种选择，一是承认心智属性等同物理属性，即心脑同一论，好处是能保留心物因果；二是承认心智属性没有因果力,可称之为副现象论。副现象论主张物理属性可以因果引起心智属性,但心智属性没有因果力。如同在光照下身体的移动会因果地引起影子的变化,尽管影子跟着身体移动,但影子对身体移动没有因果力。同样的道理,副现象论主张我们的脑神经会引起各种心理现象或意识,尽管我们感觉到心理现象或意识引起大脑活动或身体移动,但心理现象或意识所产生的因果力是一种幻觉,就像是投射在脑海中的影子。

以上简短介绍了当代心智与认知科学中形而上学的几个主流理论。但是这些科学中的哲学工作似乎也有问题或缺陷。

第一,哲学是一门内容极其庞大的学科,有数千年的研究历史。自科学在数百年前诞生后,由于受到科学发展的影响,再加上科研机构的不断细分与投入,哲学研究的分工日渐精细,不同流派之间的哲学方法论差异巨大。

一位从事心智哲学与认知科学哲学研究的教学科研人员,往往无法兼顾哲学其他领域如哲学史、伦理学、知识论、物理学哲学与数学哲学的研究,只能精耕细作认知科学中的特殊哲学问题,更何况这种研究需要预先掌握科学方面的知识。

高度分工使科学哲学研究课题范围缩小化。不少科学家对哲学的"重大思想巨变"或"充满大格局的重大突破"已少有期待。

第二,哲学研究毕竟不是实验调研,哲学工作者多以人文社会科学研究背景为主,对经验科学前沿进展不熟悉,而当代科学快速进步,仅是掌握科学学科中一个细微研究方向就已经相当不容易。

因而,哲学家需要多了解科学知识,参加科学会议,了解科学实验,在科研细节上与科学家进行互动与学习,不仅在宏观层面进行科学与人文的精神交流,也在微观研究上提供更多有益的假说、批评、推演、论证，推进真正的学科融合发展。

第三，哲学分工精细化致使专门从事科学哲学研究的科研人员占极少数，加上不同哲学方法论流派莫衷一是，使不同哲学研究人员对科学的哲学视角与主张都不相同，往往让人无所适从，间接致使绝大部分科学家对科学哲学的工作完全不了解、认识片面零碎或仅止于部分哲学或哲学史知识。

与此同时，科学哲学研究工作也具备许多优势并且解决了许多问题。

首先，哲学与科学的专业化分工保持一致。一门成熟的学科发展，随着投入的人力物力越多，研究的范围越广、程度越深，难度也越大。如同当代科学各学科、各课题组实验室的高效分工，随着科学知识的不断推进，科学研究只有逐渐在细微的经验问题上投入大量资源，才能在竞争激烈的国际环境中争取发表的空间。

同样，科学哲学逐级分解从事各科学学科的理论与形而上学问题，研究问题以严谨、缜密与精巧为主。这不是琐碎的科学哲学研究，而是由点到面、从小问题的研究开始知识的累积，逐渐形成条理清晰的新理论架构。

其次，科学哲学能为科学作出贡献与解决问题，包括厘清重要科学概念、发现与批判科学理论假设、提出可检验且有预测性的新理论与科技伦理反思等。

如美国哲学家杰里·福多尔（Jerry Fodor）在1960年提出的心智模块化理论，对认知科学与心理学中从行为主义到计算主义的演变影响巨大。又如美国哲学家丹尼尔·丹尼特（Daniel Dennett）在1983年为儿童虚假信念任务实验作出新的理论诠释，对认知科学作出了具有应用意义的卓越贡献。

在免疫学方面，哲学家对免疫的自我-非自我框架产生了重大影响。在生命科学中，哲学家在各种议题中发挥重要作用，包括进化利他主义、选择单位的辩论、"生命树"的建构、微生物在生物圈的优势、基因的定义、天赋概念的审视等。科学哲学当然也在物理学、演化博弈论、类脑智能与人工智能领域作出了卓越贡献。

本文从心身之间的因果关系研究切入，介绍了数种主流心智理论的要旨，并指出了这些理论所面临的问题，强调意识难题为何是相关科学研究可能难以跨越的鸿沟，最后分析了科学哲学研究如何助力科学解决目前的难题。

稍显遗憾的是，笔者不熟悉科技伦理学，未能概括科技伦理为科学提供的道德与价值反思。正如科学家钱学森先生指出的，"没有科学的哲学是跛子，没有哲学的科学是瞎子"。期待未来哲学与科学能够取长补短，为全人类的幸福与进步作出贡献。

（本文作者吴东颖系中国科学院哲学研究所讲师；本文首次发表于《中国科学报》2023 年 10 月 20 日第 4 版）

现代科学的发生是一场科学革命的结果吗?

袁江洋

一、希腊文化圈

科学的发生发展是人类历史上的一个奇迹。对此,爱因斯坦曾深有感触:"人类高级智慧之花得以盛开的条件似乎非常苛刻。赤贫导致粗陋,富裕导致空虚;严寒的天气使人沉郁,而热带的气候让人放纵。因此,科学之花不会在某个地方和某个民族始终盛开,出现意大利文艺复兴这样的情形,就有如世界历史海洋中出现孤岛一样。"[①]

奥地利社会学家齐尔塞尔(Edgar Zilsel)专门探讨过现代科学得以兴起的前提条件。他引入社会学分析视角并认为,现代科学的产生须以高度发达的人文文明为基础,这是现代科学产生的必要条件,但是他并未给出相关的充分条件,而只是以导源于古希腊的两大传统——学者传统和工匠传统——的汇聚作为16、17世纪欧洲科学兴起的契机。[②]

受齐尔塞尔启发,英国科学史家李约瑟追问,为什么现代科学只

① 方在庆:《一望百年 纠正与纠偏:爱因斯坦上海行史考》,2022年11月14日,https://www.thepaper.cn/newsDetail_forward_20711828。

② E. Zilsel, The Sociological Roots of Science, *American Journal of Sociology*, Vol.47, No.4, 1942, pp.544-562.

产生于 16、17 世纪的欧洲而不产生于同时代的中国？关注齐尔塞尔问题和李约瑟问题的学人，包括李约瑟在内，常常通过文明比较研究来寻找答案，但是这样的比较研究不可能给出具有收敛性的答案。

　　科学史学科的奠基者、美国学者乔治·萨顿（George Sarton）早在 1924 年就围绕科学得以发生发展的历史动因提出了另外一种理解模式。基于对古巴比伦以来的全球科学史发展进程的考察，萨顿提出其"新人文主义"主张：人类进步须归因于科学的进步，"科学的进步不能归因于单个民族的单独努力，而只能归因于所有民族的共同努力"。[①]

　　像其他科学家一样，萨顿相信，现代科学的源头可以沿着一条清晰无误的线索追溯到古希腊的自然哲学。至于古希腊自然哲学如何产生，他则借用一句古希腊谚语来回答："光明来自东方。"他所说的"东方"主要是指古巴比伦和古埃及文明。萨顿相信，古老的中东文明的思想成就汇聚于希腊，使最初的自然哲学概念及相应的知识体系得以涌现。

　　萨顿就古代中东文明思想与知识汇聚于希腊的进程给出的描述相当粗略，但他的见解摆脱了狭隘的民族主义，穿透了历史。

　　在我们今天看来，自横跨地中海和黑海的希腊文化圈于公元前 7 世纪形成，欧亚大陆上除远东中国文明以外的所有古文明的主要思想成就，均沿着文化互动和传播通道源源不断汇聚到希腊文化圈中。文化汇聚的中心首先是伊奥尼亚十二城邦，再向南意大利、阿提卡半岛转移，最终聚焦于波希战争胜利后的雅典。

　　天文历法、算术几何、医疗技术、文字书写（泥板书写）、元素论思维、神话、神学（灵魂不死学说、神谱构造）、最初的本体论思维（埃及水生万物概念）和逻各斯思维（名–实关联），从不同文明传入希

---

① G. Sarton，The New Humanism，*Isis*，Vol.6，No.1，1924，p.11.

腊文化圈。

正是在文化汇聚的大背景下，人类理性精神真正觉醒并不断上扬，数代希腊思想家前后相继，通过比较、分析和反思，他们选择让神意退出了自然和人类历史，同时将探索自然视为他们所必须追求的、不亚于自由和正义的基本价值。

在柏拉图笔下的《普罗泰戈拉篇》中，普罗泰戈拉述说了二次创世说，这两次创世分别体现了希腊思想家对于人如何在自然中生存，以及人与人如何共存的认识和价值论判断。最终，柏拉图和亚里士多德分别到达并陈述了他们各自的知识范型。

柏拉图以理念世界为实在，以临摹说将现实世界归结于理念世界，并且吸收毕达哥拉斯教派的数学实在论主张，开创了传授希腊七艺（算术、几何、天文、音乐、逻辑、语法、修辞）的柏拉图学园。

亚里士多德作为希腊哲学和科学的真正集大成者，翻转了柏拉图的本体论图景，构建了一套融道德哲学与自然哲学乃至自然志于一体的、以追求真理为目的的、高度系统化的知识范型。

亚里士多德还从知识论角度区分了证明的信念与世俗信念这两类概念，前者指由理性直观或经验归纳确立的公理演绎而成的知识体系，后者指由文化赋予的并被世人所接纳的信念，如奥林匹斯山上的众神。

遗憾的是，由于亚历山大大帝暴亡，帝国解体，亚里士多德在马其顿王室遭清洗的情形下逃亡。最终，亚里士多德的手稿及学说湮没不彰，即使是在希腊文化圈中，亚里士多德知识范型也并未替代柏拉图知识范型而成为主导文化传统。

仅有的例外是由亚里士多德弟子在埃及亚历山大里亚创办的缪斯学院。在托勒密王朝的支持下（支持探索科学艺术，禁止讨论政治），它于公元前 3 世纪至公元前 2 世纪兴盛一时，欧几里得（Euclid）、阿基米德（Archimedes）等一大批杰出的数学家和自然哲学家先后在这里教学、求学或研究，是他们将希腊文化圈的自然哲学研究迅速推向了顶峰。

罗马人征服了希腊世界，从他们脚下的希腊文化和希腊奴隶那里学到了许多东西，如宗教、法律、建筑、艺术、悲剧，以及新柏拉图主义哲学和学园七艺，但他们没有机会了解并接纳亚里士多德的知识范型，因此，罗马甚少产出杰出的自然哲学家。

当基督教于 4 世纪被罗马奉立为国教，柏拉图学园被关闭后，圣奥古斯丁创建罗马教父神学，虽然在某种意义上容纳了希腊七艺，但他从不关注物理学、炼金术、生物学等亚里士多德知识范型中才有的学科。理性，在教父神学体系中被用来为战争正义论辩护，用于以精神内省的方式领悟上帝，而非用于探索自然。

简言之，罗马人的理想是征服与统治，这种理想可能刺激自然志的发展，却无法唤醒真正的自然哲学研究。

二、伊斯兰大翻译运动

阿拉伯人兴起于 7 世纪，他们冲出阿拉伯半岛，先后征服新月地带、埃及、古巴比伦和波斯，建立倭马亚王朝。阿拉伯军队向西方推进到西班牙后于 732 年受阻于法国的"铁锤查理"，在地中海东岸，他们始终未能攻下君士坦丁堡。

走出沙漠的阿拉伯人在他们征服的土地上，感受到了曾饱受希腊思想灌溉的灿烂的异文化，于是他们开始吸纳此前中东地区的思想和生活方式，将炼金术、占星术和医学书籍翻译成阿拉伯文。750 年，阿拔斯王朝在改宗的异族的协助下取代倭马亚王朝而立,并迅即推进吸收古文化创造新文化的事业,对异文化的翻译工作也由此进入高潮。

伊斯兰大翻译运动的第一阶段始于第二代哈里发曼苏尔(754—775 年在位)时代,至哈伦·拉希德(786—809 年在位)后期告一段落(754—809 年),着重翻译波斯法律文献,同时也翻译了亚里士多德的《逻辑学》和托勒密的《天文学大成》等希腊文献。

第二阶段始于马蒙(813—833 年在位)执政时期的 813 年,至913 年结束。830 年,马蒙敕令设立智慧宫,重金聘请叙利亚、巴比伦和埃及等希腊化地区及其他占领区的学者,由他们主持翻译、开展研究,并教导伊斯兰贵族子弟。

这一时期智慧宫的学者们主要翻译希腊哲学文献,不但重译了托勒密的《天文学大成》、毕达哥拉斯和希波克拉底的全部著作、柏拉图的《理想国》《法律篇》,更重要的是,他们对亚里士多德的著作展开了系统翻译工作,将《形而上学》《工具论》《范畴篇》《解释篇》《伦理学》《物理学》《动物学》等一一译成阿拉伯文,使亚里士多德知识体系第一次在其他文明中得到广泛传播和认可。

此后是第三阶段的翻译,历时约 100 年,不过是由民间学者主导,主要翻译希腊及其他古文明的文学、艺术作品。

阿拉伯裔美国科学史家萨布拉指出,正是在大翻译的基础上,在智慧宫、修道院、哈里发和王子们的宫殿里,阿拉伯科学开始起步并取得迅猛发展。阿拉伯人在光学、力学、位置运动、天文学、炼金术、生物学、工程技术、数学和医学上均取得了重要进展和辉煌成就,这绝非希腊科学与欧洲科学之间的中转站一言以蔽之。

最著名的阿拉伯科学家是伊本·海赛姆,他在物理学、实验心理学、光学、数学和天文学上均取得了堪称当时一流的成就。在光学上，他批判了欧几里得的视觉理论，确立了透镜成像原理；在力学上，他意识到了惯性定律和动量概念；在天文学上，他以实验反驳托勒密天文学理论，构造了第一个非托密斯天文模型，首次提出并证明地球在自转；在数学上，他构建了解析几何并提出最早用于无穷小量及积分学的通用公式；在医学上，他推进了眼部手术技术的发展；在哲学和科学方法论上，他提出了"科学方法的四段论"，其《光论》第一章的标题名为"实验物理学方法"；更重要的是，在神学与哲学的关系问题上，他说："我不断寻求知识与真理。我的信念是，要沐浴神的光辉，要走近神，没有比寻求真理和知识更好的方法了。"①

萨布拉还曾问过一个发人深省的问题："阿拉伯科学是一还是多？"他回答说，"我们必须将阿拉伯科学视为一个单一的、统一的整体"。②

他从四个方面来支撑自己的见解。在阿拉伯科学背后存在着同一语言、同一宗教、同一帝国，而且来自中国的造纸术 8 世纪已在阿拉伯世界获得广泛应用，这为阿拉伯科学发展提供了极大助力。

对此，笔者想在此作一些重要补充：是伊斯兰文化在欧洲文化之前，率先复活了希腊原子论；率先实施了炼金术的医药转向；率先接受并发展了亚里士多德的可证明信念与模糊信念的双重信念划分，并将之转换为哲学真理与神学真理并行不悖的双重真理论；率先发展出了为自然哲学发展铺平道路的自然神学，从而率先创办了大量经学院和大学；率先发展了经验探索方法；更重要的是，伊斯兰文化率先奉立亚里士多德为哲圣，接受了连罗马人都没有接受的亚里士多德知识

---

① I. Al-Haytham, *Doubts Concerning Ptolemy-A Translation and Commentary.* 转引自 Firas Alkhateeb, *Lost Islamic History：Reclaiming Muslim Civilisation from the Past*, London：Hurst Company, 2014, p.78.

② A. I. Sabra, Situating Arabic Science：Locality Versus Essence, *Isis*, Vol.87, No.4, 1996, pp.654-670.

范型并将之锻造成伊斯兰哲学知识体系。

希腊理性精神传入伊斯兰文化后,与伊斯兰一神教思想发生碰撞与互渗,阿拔斯王朝前几代哈里发(如马蒙)曾因巩固王权、压制僧侣阶层之需而接纳《古兰经》的受造说,甚至将主张理性是信仰之基的穆尔太齐赖派奉为正统,但后继的哈里发最终因宗教内部教派之争、王权之争,以及对外战争不顺而放弃了早先的立场,退回政教高度合一的体制,最终阿维洛伊的双重真理论因采用譬喻说解释《古兰经》而被斥为异端,阿拉伯科学也未能持续发展,没有上升到现代科学的高度。

三、欧洲人对文化的汇聚、整合与创新

信奉基督教的西方社会,在与伊斯兰文明的碰撞进程中,在所谓十字军东征与阿拉伯人西征进程中,在收复失地运动进程中,在其他形式的文化互动中,发现了希腊哲学和科学,发现了另一种一神教文明对待理性与科学的另一种方式,也发现了文化汇聚、整合与创新的奥秘。

欧洲人开始像阿拉伯人一样实施文化的汇聚、整合与创新,他们开启了大翻译,创办了大学,引入了亚里士多德主义,确立以亚里士多德知识范型为构架来发展完整的基督教神学知识体系。

从12世纪起,欧洲人开始像阿拉伯人一样,开启历时数百年的大翻译运动,在南意大利、西西里岛及收复的西班牙失地这些仍保留相对丰富的希腊文化养分的地区,希腊著作的阿拉伯译本及阿拉伯哲学和科学著述,尤其是"阿拉伯逍遥学派"即法拉比(约870—950年,波斯裔)、阿维森纳(980—1037年)、阿维洛伊(1126—1198年)的

著作，首先得到关注和翻译，欧洲人在找到希腊原版著作并学会希腊语后，又开始直接翻译希腊文的哲学和科学著作。

在 19 世纪以来的欧洲现代叙事中，现代社会要从 14 世纪首先兴起于意大利的文艺复兴说起，两次世界大战期间及以后，科学革命概念应时而生并畅行于天下。

科学革命的荣光被归诸文艺复兴以后的欧洲。但是，在长时段的历史研究视角中，我们看到的是，13 世纪是日耳曼人治下的基督教西方社会真正觉醒的时代，经院哲学的建立是西欧觉醒的标志性事件。

其理由在于，罗马教父神学以柏拉图知识范型为知识体系化的根基，而经院哲学选择的是亚里士多德知识范型。罗马教会曾分别于 1210 年、1233 年、1277 年三度对亚里士多德主义发起谴责，因为亚里士多德主张世界是永恒的、哲学真理高于信仰真理、神只是终极因，在此之前伊斯兰文化中的神学家们也曾因相似理由而批判亚里士多德及其追随者，但结果并无二致：亚里士多德知识范型浴火重生，先后成为伊斯兰神学和经院哲学的主导知识构架。

托马斯·阿奎那（约 1225—1274 年）调整并修正阿维洛伊双重真理论，他相信信仰高于理性，但同时声称哲学真理与神学真理共同发诸上帝，因而两者必定一致，因此，人可以凭借理性来加深对上帝存在、作用乃至上帝本质之认识；继之，他发展自然神学，提出上帝存在的五种证明，即运动的证明、作用因的证明、可能性和必然性的证明、存在等级的证明、目的论的证明，为重启亚里士多德哲学研究和探索通道给出了有力辩护。

经院哲学之不同于罗马教父神学，主要在于它尊奉的哲学权威是亚里士多德而非柏拉图，在于接纳了亚里士多德知识范型。从此，物理学（光学、位置运动、力学）、天文学、生物学、炼金术、生理学的研究,在经院哲学的羽翼下,先后获得了一席之地。

由此,我们不难理解,伽利略(1564—1642年)何以在其《关于两门新科学的对话》中将"位置运动和力学"说成是"两门新科学"。但是,新科学一旦成长起来,便与神学真理迎头相撞,伽利略发现双重真理论失效,因而试图引入譬喻说解释《圣经》并最终因此获罪。

伽利略离世后一年,牛顿降生。英国自然哲学之兴,与波义耳(1627—1691年)在自然神学领域构建"理智膜拜论"并以之替代双重真理论相关。理智膜拜论否认上帝本质可知,认为人只需也只要以观察和实验了解上帝赋予自然之中的奥秘,即可了解上帝的存在及其作用,因此,探索自然即是颂扬上帝,自然哲学家即是宇宙这座大教堂里的牧师。

理智膜拜论为自然哲学发展提供新辩护,而自然哲学也由此呈现为"实验哲学"。1687年,牛顿《自然哲学之数学原理》问世;1704年,牛顿《光学》出版。牛顿将自然哲学探索分为三个界面:先是自然哲学的数学原理,然后是其物理原理,最后才是相关的哲学原理,其顺序正与笛卡尔《哲学原理》相反。

四、承认自然真理并追求自然真理

回到文初的话题,我们需要追问的是,现代科学的发生,是一场科学革命的结果吗?是纯粹的欧洲事件吗?短时段的、社会学的答案会说"是";但长时段全球科学思想史的答案是"否!"

科学,无论是古代形式的希腊自然哲学,还是现代形式的伽利略或牛顿自然哲学,其实质都是亚里士多德知识范型及相关实践。牛津科学史家克龙比(1915—1996年)相信,天文历法在巴比伦和埃及是实用知识，只有在希腊才属于自然哲学，才可说是科学的一个分支。

希腊理性思想和科学思想，曾穿行于罗马世界，但并未在那里引发自然哲学的繁荣，却在阿拉伯文化和基督教西方社会中激起千层浪花，一个共同的价值论前提是，承认自然真理并追求自然真理。

只有经历"自然的发现"——在希腊，自然的发现表现为神的退隐与人类理性登场认识自然，或"重新发现了自然"——在伊斯兰文化或基督教西方社会里，表现为将自然作为第三方纳入真主或上帝与人之关系的本体论思考之中，才会承认自然真理的存在；只有发现了人类理性可以认识自然真理并可以之造福人类，一个社会或文化才愿意将其大量智力和财力投向追求自然真理的事业，投向自然哲学或科学探索。

最后，也只有有条件实施并且善于实施文化汇聚、整合与创新的民族、文化或社会，才有可能形成成体系的、以追求自然真理为目的的自然哲学或科学概念体系，才有可能将人类共同的自然哲学事业或科学事业推向新的高峰。

（本文作者袁江洋系中国科学院大学人文学院历史系教授；本文首次发表于《中国科学报》2023 年 11 月 3 日第 4 版）

伦理的新挑战：回答生物技术"该如何行动"

彭耀进

　　在人类历史的长河中，我们见证了科技从蒸汽时代、电气时代到电子信息时代的飞跃。现如今，生命科学、生物技术、信息技术、人工智能等科技领域的跨越式发展与融合，正催生着一场全新的科技革命。

　　2009 年，美国国家科学院在其《二十一世纪的新生物学》报告中再次提出，21 世纪是生物学的黄金时代①。紧随其后，中国科学家在 2011 年的《第六次科技革命的战略机遇》报告中指出，生命科技与信息科技的融合可能是下一次革命的引擎②。2018 年 7 月 25 日，国家主席习近平应邀出席在南非约翰内斯堡举行的金砖国家工商论坛，并发表题为《顺应时代潮流实现共同发展》的重要讲话。习近平在讲话中强调，"人工智能、大数据、量子信息、生物技术等新一轮科技革命和产业变革正在积聚力量，催生大量新产业、新业态、新模式，给全球发展和人类生产生活带来翻天覆地的变化。我们要抓住这个重大机遇，推动新兴市场国家和发展中国家实现跨越式发展"③。

---

① （美）美国科学院研究理事会编：《二十一世纪新生物学》，王菊芳译，北京：科学出版社，2013 年。

② 何传启：《第六次科技革命的战略机遇》，北京：科学出版社，2011 年。

③ 习近平：《习近平外交演讲集》第 2 卷，北京：中央文献出版社，2022 年。

一、生物技术是未来发展的关键驱动力

生物技术（biotechnology），这个词融合了生物学（biology）和技术（technology）两个领域的精髓。这一概念由匈牙利农业工程师卡尔·埃尔基（Karl Ereky）于 1919 年首次提出，代表着生物学与科技的有机结合。通过生物技术可以改造生物，加工生物材料，进而创造出适用于医学、药学、农业、工业等诸多领域的各类产品。百年的演进，让生物技术从概念转化为现实。

过去的几十年里，在解决人类生存发展的诸多难题上，生物技术展现出惊人的潜力——从生殖的奥秘到衰老的挑战，从神秘的疾病到健康的维系，这一领域无疑是科学探索的明珠。20 世纪 50 年代，沃森（James Watson）和克里克（Francis Crick）发现 DNA 双螺旋结构，开启了分子生物学的大门。这不仅是人类发展史上的一个里程碑，也象征着人类对生命深层次认识的突破。随后，DNA 测序技术的诞生进一步推动了这一领域的发展，使得遗传疾病和肿瘤基因变异的研究成为可能。

进入 21 世纪，干细胞与再生医学、基因编辑等领域迅猛发展，不仅为医疗诊断和科学研究提供了全新视角，还对整个科学界乃至整个社会产生了深远影响。

在 21 世纪的科技版图上，生物技术的重要性越发凸显。2012 年，美国奥巴马政府发布了《国家生物经济蓝图》，这不仅是对生物技术的肯定，更明确声明了其在经济发展中的推动作用。这份蓝图强调了生物技术在创新药物、诊断方法、高产粮食作物、减少石油依赖，以及生物基化学中间体开发等诸多领域的重大贡献。

不仅如此，诸多国家，无论是工业化强国还是发展中国家，都在

21世纪初纷纷制定相关的生物经济政策和战略。例如，马来西亚在2012年推出了生物经济转型计划，南非在2013年实施了自己的生物经济战略。这些政策的制定和实施，不仅体现了对生物技术重要性的共识，也展现了全球范围内对于这一领域前景的高度期待。

在中国，2022年5月，国家发展和改革委员会发布的《"十四五"生物经济发展规划》更是明确了生物经济发展的具体任务和方向。该规划着重于生物技术与信息技术的融合创新，目标是加速生物医药、生物育种、生物材料和生物能源等产业的发展，进一步证明了生物技术作为全球科技竞争焦点的地位。

由此可见，生物技术不仅在科学界占有举足轻重的地位，更在全球经济和政策制定中发挥着至关重要的作用。包括中国、美国在内的许多国家或地区都在积极推动生命科学的发展，以期抢占生物技术研发的战略高地。生物技术的迅猛发展，不仅预示着科技领域的变革，更是人类社会未来发展的关键驱动力。

二、前所未有的伦理挑战

以干细胞与再生医学、合成生物学和基因编辑技术为代表的新兴技术正引领生物经济大步前行。这些前沿生物技术，尽管处于发展的初期，却正以不可预知的方式不断演变，催生着新的技术发展链条。这种发展具有高度的不确定性，无论是在路径、应用模式上，还是在应用场景方面。

而且，不同的前沿生物技术之间可能会相互影响，快速进化。特别是基因编辑技术，作为一种底层技术，在干细胞与再生医学、合成生物学等领域的应用，正在推动这些领域实现跨越式发展。

同时，前沿生物技术正与大数据、人工智能、纳米技术等创新领域进行交叉融合，加速了技术的更新迭代。与传统生物技术相比，这些前沿技术展现出更强的颠覆性、复杂性和社会关联性，不仅是技术层面的革新，更是对现有社会结构和伦理观念的挑战。

不可否认，由于生命科学、医学等领域与人类生命、健康的密切相关性，其哲学、伦理议题历史复杂且持续。以干细胞研究为例，传统的伦理争议主要集中在人类胚胎干细胞的来源与使用和人类克隆技术上，这些问题涉及胚胎的伦理地位、人之定义，以及不同国家的立法政策。

更重要的是，随着基因编辑、细胞组织培养和生物制造等技术的不断进步，干细胞研究已逐渐从二维培养向三维构建过渡。因而，基于干细胞的嵌合体和类器官等新型研究又带来了新的伦理挑战，如人与动物的界限、动物的工具性问题及其对动物权利的潜在影响等。

另外，类器官研究尤其是大脑类器官研究可能涉及人的意识问题，从而引发关于意识起源的定义和对特定研究的限制的讨论。

在合成生物学领域，一系列独特的伦理挑战正在酝酿。在概念性问题上，围绕生命和自然的定义展开深入探讨，例如生命的定义、合成生命对传统生命观念的挑战，以及生命的价值与意义问题。此外，非概念性问题的挑战则更多关注合成生物学潜在应用带来的具体问题，如生物安全、生物安保，以及在技术应用中资源配置的公平公正。

基因编辑技术可以从根本上改变生物体的遗传特性，其影响广泛且深刻，涉及复杂的基因间相互作用和无法预料的结果。尤其是基因编辑技术在人类生殖医学领域的应用所引发的伦理争议更是深刻。这包括个体安全性、家庭关系的变化、社会层面的优生学问题、社会公平和"设计婴儿"的商业化风险。该应用发展的成功可能对技术解决方案产生过度依赖,进而引发临床医疗中将人工具化的问题。德国哲学家哈贝马斯强调了此类技术对后代产生的潜在控制问题,指出将后代的遗传特征视为可塑造的产品,可能模糊了人与物之间的界限。

这在人类胚胎研究和克隆领域的发展中同样存在,引发了关于人之人格的争论,一种观点认为人类胚胎仅仅是可用于研究的"细胞团";另一种观点则认为胚胎应被视为具有固有人格的个体。这种争论反映了对人格的不同理解。前者认为人格需要基于特定发展阶段或能力的条件;而后者认为人格是人的固有属性,赋予所有人某些权利并决定了他们的道德待遇。

生物技术时代的伦理挑战要求我们重新审视传统的伦理学范畴和方法。伦理学的重点已从纯粹的人际互动转移到人与人、人与自然的关系上。此外,生物技术时代的复杂问题暴露了基于权利的伦理方法的局限性。这种方法虽然保护了个人权利和自主性,但可能无法充分考虑影响未来后代和社会整体的伦理问题,如基因编辑婴儿。

权利的定义和责任归属,以及处理非人类世界的权利,成为新的挑战。德国哲学家汉斯·约纳斯(Hans Jonas)等人的观点强调了在新技术时代,伦理学应更多关注人类的责任而非仅仅关注权利。这一转变凸显了伦理学在适应科技和社会变化中的重要性。

这些问题在科学、政治和公共议程上反复出现,媒体对新的科学发展的报道也定期点燃公众对这些话题的热议。

然而,伦理观念的多元化正是社会健康发展的重要标志,体现了不同文化、信仰和价值观的丰富性和包容性。面对前沿生物技术的迅猛发展,我们遇到了一个前所未有的挑战:在伦理价值观多元化的大背景下,为生物技术创新界定普遍接受的伦理规范和行为界限变得异常困难。这不仅是因为不同文化和社会背景下的伦理观念存在巨大差异，还因为技术本身的快速发展和应用前景的不确定性。

三、人类社会的道德自省

在生命科学、生物技术和医学领域的历史上，每当出现一项突破性技术，比如1998年人类胚胎干细胞系的成功分离和体外构建、2010年世界首个"人工合成细胞"的诞生、2012年CRISPR基因编辑技术的出现、2015年人类胚胎中CRISPR技术的首次应用，以及2022年全球首例猪心脏移植，其发展都引发了人们对生物技术相关伦理问题的深思。同时，这些事件不仅激发了各界对伦理治理体系的更新和完善，也凸显了人类社会对伦理道德问题追问的内在需求。

自古以来，人类便不断探索伦理道德的本质，试图在这个瞬息万变的世界中追求一种"良好"生活。古希腊哲学家苏格拉底引用德尔斐神庙的名言"认识你自己"（gnōthi seautón），将这一追求设定为哲学的目的之一。然而，将伦理道德探索限缩在哲学范畴或许只是一种探究方式。现代社会生物学家和古人类学家通过演化的视角，为我们提供了道德起源的另一种解释。

这种演化视角将道德的起源追溯到人类早期的"采集-狩猎"时代，这个时代远早于苏格拉底、孔子和释迦牟尼所处的"轴心时代"。这种思考方式不仅拓展了我们对道德起源时间的理解，而且超越了传统哲学的思辨范畴。这表明人类对道德和伦理的关注并非仅限于哲学范畴，而是根植于人类深远历史中。

这些演化上的"技术细节"强调了道德和伦理观念的古老根源，同时也显示了人类文化和社会结构的发展是如何与这些基本道德观念相互影响和演变的。因此，我们对道德的探索不仅是基于哲学上的求知欲，也是基于对人类自身演化历史的深入理解。

当前，伦理学领域更加注重探讨"应该如何行动"这一问题，这不仅要求我们对伦理的根源进行深入研究，为这个时代的人们提供思考的视角，也要求从当前立场出发，对现实进行深刻的观察和分析。

我们追求的不仅仅是对"生命的价值""胚胎何以为人""同一性""自主性""权利"等深刻哲学问题和概念的辨析，更重要的是，我们需要对每项生物技术进行全面的伦理评估，寻求在技术的研发及应用中涉及的各方价值之间的平衡。

这意味着生物技术领域的伦理探讨应是多元化和开放的，需要科学家、伦理学家、哲学家、法学家、医生、社会学家等跨领域专家的多方协作。同时，也需要专业人员和广大公众的共同努力，以构建一个更为精准和平衡的伦理治理框架。

四、伦理、法律与政策的交织

在当今国际社会集体努力解决前沿生物技术发展及其治理所带来的双重挑战时，我们面临一个两难境地：一方面，各国政府正积极推进生物技术的创新边界；另一方面，又必须适时调整法规政策，以应对随之产生的多方面伦理问题。

在这一进程中，政府和社会共同面对的是一系列复杂的公共政策难题。例如，政府如何确保对生物技术应用与推广的有效监管？面对社会可能反对的争议性研究领域（如基因编辑胚胎、大脑类器官研究），应采取何种立场？合成生物学创造的非自然生命体，其存在是否具有伦理正当性？社会应依赖哪些流程和机制来调和由生物技术引发的伦理争议？

这些涵盖哲学、法律和政策、监管等多个层面的问题，揭示了政府与社会在生物技术领域所肩负的重大责任。这在伦理、法律和政策交织的复杂背景下尤为显著。

"伦理"与"法律"之间的区别和联系一直是哲学家和法学家研究的经典议题。虽然传统观点常将法律和道德视为互相独立的体系，但现代理论家越来越关注二者之间的相互渗透和交互影响。

尤其是在生物技术领域，对法律与伦理的共性、相互作用及其历史演变的深入分析，进一步凸显了二者的紧密联系。例如，生物医学中的知情同意之法律原则就是基于尊重个体自主性这一伦理概念制定的。

此外，法律和生命伦理学的实践依赖于结合程序性和实质性的方法论。在缺乏对根本问题认识一致的情况下，法律与道德都强调建立健全的程序，来管理对问题的反思过程，并寻求一致的理论或潜在的指导原则。

从"法律作为法典化道德"的角度看，虽然法律与道德之间的界限逐渐模糊，但它们之间的区别仍然至关重要。在某些情境下，法律扮演着将道德转化为明确社会准则和实践的媒介角色。法律不仅呼吁道德的义务和权利，而且对违法行为施加制裁，从而在更广泛的社会层面上强化道德信条的地位和重要性。

法律和伦理在维护社会规范和秩序方面确实存在许多共通之处：两者都致力于体现社会价值观，具备普适性和指导性。学术界普遍认为，法律与伦理构成了一种互补性的、动态的关系。它们相互作用，在促进科技和产业发展的同时，引入了价值的考量。

然而，法律的范围是有限的，不能覆盖所有技术在道德上可能的错误。例如，尽管法律可能允许特定生物技术的研究与应用，但倘若这些技术会带来道德上的严重风险，则伦理规范的重要性就显得尤为突出。道德规范为科学家、企业家和监管者提供行为准则，帮助他们作出符合社会道德期望的决策，这在前沿生物技术的伦理治理中尤为关键。

在生物技术领域，立法、司法过程不仅是对公众对于生命、自然等价值观的反映和执行，也是对特定领域伦理问题的正式响应。例如，在生物技术的现代发展浪潮中，对人体商品化的伦理担忧促使多国（包括中国、日本等国）在专利法领域引入道德条款。中国《专利法》第五条明确规定，"对违反法律、社会公德或者妨害公共利益的发明创造，不授予专利权"。欧洲法院在处理人胚胎干细胞专利授予争议的案件中，也展示了法律和伦理在解决生命伦理和生物技术争端中的核心作用。

2019 年，我国法院对"基因编辑婴儿"事件的判决，是法律与伦理在生物技术领域互动的又一重要实例。这些事例不仅彰显了法律在规范生物技术领域的作用，也突出了伦理在指导法律实践中的重要性。

在生物技术领域，法律和伦理不仅需要相互作用，而且需要紧密协调，以确保技术进步符合社会伦理标准，同时也符合法律规定。

为了构建一个有效的生物技术伦理治理体系，我们不仅需要深入探讨特定生物技术领域中的伦理问题，还需将深邃的哲学思想融入伦理思辨中。例如，从康德的道德哲学视角出发，我们可以建立基因编辑在人体应用中的普遍化原则，以此评估该技术的应用是否符合普遍的道德标准。

此外，将这些伦理问题融入政府制定政策的过程中，这有助于政府在伦理和生物技术领域发挥作用。这一融合不仅涉及问题和责任的辨识，还需要对新的方法论、程序、政府结构和资源配置进行重新思考。在政策制定过程中，必须引入公众讨论，并结合专家的深度反思，以确保伦理框架和价值体系的融合。这种融合不仅能够指导公共政策和法律的制定，而且能够确保这些政策和法律在解决生物技术带来的伦理和社会问题时，既有效又有前瞻性。

（本文作者彭耀进系中国科学院动物研究所、北京干细胞与再生医学研究院"致一"研究员，中国科学院哲学研究所兼职教授；本文首次发表于《中国科学报》2023年12月1日第4版）

理解人类道德，演化博弈论是种好工具吗？

张明君

　　无论我们如何理解道德，不可否认的一点是——人是道德动物。如果我们相信人不是由某种超自然力量（如上帝）所创造，而是演化的产物，那么为人类道德的起源找到一种基于自然过程和社会过程的非神秘化解释，至少从原则上来讲并非天方夜谭。

　　早在 1871 年，达尔文就在《人类的由来及性选择》（*The Descent of Man，and Selection in Relation to Sex*）一书中表达了类似的想法。在达尔文看来，产生人类道德所需要的基本能力，比如感受痛苦以及共情，在其他动物身上也有所体现。因此，人类的道德完全有可能是在这些基本能力的基础之上发展起来的。

　　近几十年来，作为一种跨学科的理论框架，演化博弈论蓬勃发展，为更加精确地研究道德的起源与演化提供了一种新的理论工具。那么，什么是演化博弈论？演化博弈论是否以及在什么意义上能够帮助我们理解道德？本文将尝试给出一个初步的答案。

一、什么是演化博弈论？

演化博弈论起源于研究人的经济行为的博弈论。在经典的博弈论中，一场博弈至少包含三个要素：博弈者、策略和收益。

以著名的"囚徒困境"为例，假设两个人合伙作案，被逮捕后分别关在不同的房间里接受审问。每个犯罪嫌疑人都面临着两种选择：要么保持沉默，要么揭发同伙。不同的选择会带来不同的后果：如果两个人都选择保持沉默，由于证据有限，只能判他们各自入狱 1 年；如果一人选择保持沉默，而另一人选择揭发同伙，那么保持沉默、被检举揭发的人要入狱 7 年，揭发同伙的人则因为戴罪立功可以无罪释放；如果两个人互相揭发，则各自被判入狱 4 年。

我们可以将这一场景理解为一场博弈：两名犯罪嫌疑人是这场博弈的参与者（博弈者）；"保持沉默"或"揭发同伙"是两名博弈者可以选择的策略；最终因入狱而失去的自由时间则是他们的收益，这里的收益可以为负。这些信息可以通过表 1 中的收益矩阵来呈现。

表 1 "囚徒困境"博弈的收益矩阵

		囚徒 2	
		保持沉默	揭发同伙
囚徒 1	保持沉默	−1，−1	−7，0
	揭发同伙	0，−7	−4，−4

早期的博弈论假设博弈者是具备完全理性的行动者，但这一假设在博弈论后来的发展中有所松动。相应的，它所要解决的核心问题是：理性的行动者应该选择什么样的策略才能使自己在博弈中的收益最大化？在"囚徒困境"式博弈中，无论博弈的对手选择何种策略，揭发同伙的收益总是高于保持沉默的收益，因此，一个理性的行动者应该总是选择揭发同伙。

　　博弈论后来被生物学家引入演化生物学中,用来研究生物性状的演化,逐渐发展出了演化博弈论的理论体系。然而,要实现这种理论工具的迁移,必须对传统博弈论进行一定的调整。

　　第一个调整是改变对"收益"的理解。在经典博弈论中,收益被统称为"效用",可以用博弈者所偏好的任何东西来衡量。因此,经典博弈论中的收益既可以是物质的(比如经济收入的多少),也可以是精神的(比如博弈者感受到的快乐和满足感)。而在研究生物性状演化的演化博弈论中,收益被理解为生物个体经过博弈后适应度的改变。生物的适应度大致可以理解为生物生存并繁殖后代的能力,通常用后代数量的期望值来估计。

　　第二个调整是放松了对博弈者的要求。前文提到,早期的博弈论假设博弈者是具备完全理性的行动者。而在生物学领域的演化博弈论中,包含各种生物的博弈者可以仅具备较低理性甚至完全没有理性,它们会采取何种策略也不必是理性选择的结果,而是可以理解为生物个体所携带的基因型在一定环境条件下所表达的性状。

　　第三个调整是以上两个调整的自然结果。生物学中的演化博弈论所关注的问题不再是"理性的行动者应该选择何种策略才能使自己在博弈中的收益最大化",而是"采取不同策略(即性状)的生物之间的博弈如何影响这些生物的适应度,进而影响这些策略在后代种群中的分布"。

　　演化博弈论最初的应用领域是生物学,用于研究自然界中生物性状的演化。近几十年来,越来越多的社会科学家开始将演化博弈论引入社会科学领域,用于研究包括道德的起源在内的各种文化现象。然而,要实现这种理论的迁移,需要再一次对演化博弈论的某些假设进行调整。

首先是对策略传递方式的调整。在生物演化中，生物个体的策略（即性状），是通过繁殖的方式遗传给后代的；而在文化演化中，人类个体所采取的很多策略，如某种道德行为，本身并不通过繁殖的方式传给后代，而是通过学习和模仿等过程传递给他人，并且传递的对象也不限于自己的生物后代。

相应的，演化博弈中的"收益"概念所对应的也不再是生物适应度的改变，而是被诠释为某种"文化适应度"。如何准确理解和定义"文化适应度"仍然是学界有待进一步研究的话题。但不管用什么具体指标来衡量某种策略的"文化适应度"，它都必须是人际间可比较的，并且它的高低能够影响到该策略在群体中的传播力。

二、道德的诸多方面及其演化博弈论解释

介绍完演化博弈论的基本知识，接下来我们讨论如何利用这一理论工具解释道德的起源。由于"道德"是一个非常宽泛的概念，因此有必要区分与道德有关的不同方面，进而分别讨论演化博弈论在解释这些方面时所发挥的作用。

1. 道德行为

为了便于讨论，我们将道德行为定义为"与我们的道德原则相一致的行为"。例如，在与资源分配有关的博弈中，当两个博弈者处于对称的地位时，选择平均分配是一种道德行为。需要注意的是，这里的道德行为是一个很"薄"的概念，它不要求个体在做出该行为时必须基于某种在道德上恰当的动机或者原则，只要求该行为与道德原则所指示的行为结果相一致。

　　以关于资源的公平分配为例。研究者设计过这样的实验：被试者两两一组，共同完成对一份资源的分配。两位被试者要在不知道对方决定的情况下独立地提出自己想要的份额。如果两者之和未超过资源总量，那么两位被试者都将获得各自想要的份额；如果两者之和超过了资源总量，那么两位被试者都将空手而归。研究结果发现，绝大部分被试者会索要一半或者接近一半的份额。

　　为了解释这一现象，演化博弈论学者构建了如下的模型：假设在一个种群中，个体之间随机配对，进行上述实验中关于资源分配的博弈。每个人索要的资源份额，就是他们在博弈中采取的策略；一轮博弈结束后，每个人可以根据自己和他人的收益情况，按照某种更新规则来调整自己的策略。建模的结果发现，当种群按照复制子方程（the Replicator Equation）所刻画的动力学过程进行演化时，大部分情况下会演化到所有人都要求平均分配的均衡状态。当然，也存在一定的概率，种群最后演化到两种非平均分配策略（如 1/3 和 2/3）以一定比例共存的均衡状态。但是，假设采用相同策略的个体之间有更高的概率发生博弈，那么演化到非平均分配的多态均衡的情况就几乎消失了，种群几乎总是会演化到所有人都要求平均分配的均衡状态。

　　以上的模型虽然简单，但对于回答"演化博弈论模型如何帮助我们解释道德行为的起源"这一问题，可以起到窥斑见豹的作用。如果与我们的道德原则相一致的行为能够在种群中持续存在甚至占据主流，那么在此基础上发展出更加丰富的道德内容就具备了可能性。

2. 道德规范

　　道德规范是社会规范的一种。如果一个群体中的个体倾向于按照某种行为规则行事，是因为他们预期其他人也会按照同样的行为规则行事，并且他们知道其他人对自己也有相同的预期，那么这样的行为规则就成为一种社会规范。对于道德规范而言，当该规范被打破时，往往伴随着一定的惩罚，比如道德上的谴责。

演化博弈论是否能够解释道德规范的形成呢？至少对于上一部分所介绍的关于资源分配的演化博弈论模型来说，还尚未涉及道德规范的层面。这是因为该模型中的博弈者在选择采取何种策略时，所参照的标准是如何提高自己在博弈中的收益，而不是某种道德规范。例如，如果博弈者是通过模仿最成功的邻居来更新自己的策略，那么在这一过程中，他既不需要关心其他人是否按照平均分配的规则行事，也不会因为自己的策略偏离了平均分配的规则而受到他人的惩罚。这样一来，即使最终种群中的所有个体都要求平均分配，也与公平分配的道德规范无关。

要解决这一问题，很重要的一步是引入"惩罚"，即当其他人违反某种行为规则时，要对其进行惩罚；相应的，当自己违反某种行为规则时，也会受到别人的惩罚。然而，对别人实施惩罚是有成本的，这就带来了另一个需要解决的问题：需要付出额外成本的惩罚行为如何能够在种群中持续存在甚至占据主流？

对此，演化博弈论学者们开展了大量的研究工作，试图寻找能够使惩罚行为得以演化的机制。其中，一个很重要的发现是惩罚与声誉有关。对违反道德规范的行为进行惩罚，虽然在短期内需要付出一定代价，但同时也会帮助自己提高声誉，从而促进未来他人与自己的合作，进而带来长远的收益。研究者发现，如果把这一因素纳入演化博弈模型的构建当中，惩罚的行为是有可能在种群中持续存在甚至扩散的。以上研究表明，除了解释道德行为的起源外，演化博弈论在解释道德规范的形成方面也有望发挥积极的作用。

3. 道德感

很多人遵守道德规范并不是因为内心认可这些规范,而是迫于外部的道德压力不得已而为之。但与此同时,也有很多人是因为内心的道德感而主动选择遵守某些道德规范。对这些人而言,选择遵守道德规范并不是迫于外部的压力,而是因为他们认为这在道德上是正确的选择。这样一种道德信念往往是基于朴素的道德直觉,而不是基于某种道德原则进行道德推理所作出的判断。道德感与某些特定的情感之间往往存在着密切的联系:有道德感的人会因为自己未能遵守某些道德规范而感到羞愧、自责,也会因为别人不遵守道德规范而感到厌恶、愤怒等。

演化博弈论能否帮助解释道德感的产生?答案并不像前文对于道德行为和道德规范的讨论那样明显。主要的困难在于,作为一种理论工具,演化博弈论并不擅长对博弈者的心理状态进行表征。

儿童发展心理学的研究表明,一岁的婴儿已经具备了初步的道德感。当然,这种道德感只能体现在非常简单的道德场景中,而且具有很高的可塑性。换言之,所谓的道德感在很大程度上是个体在社会化的环境中通过后天的发育过程逐渐培养起来的。由于演化博弈论并不擅长对个体发育的过程进行建模,因此很难为个体道德感的形成提供直接的解释。

尽管如此,演化博弈论仍有可能通过间接的方式为我们理解道德感的形成提供帮助。很多时候,人们对于道德规范的内化是逐渐完成的:也许一开始,我们确实是迫于外部压力而选择遵守某些道德规范,但随着这种遵守成为一种习惯,我们便开始将这种道德规范内化并自觉遵守;与此同时,对于破坏这种道德规范的行为则逐渐发展出厌恶、愤怒等情感。在这一过程中,某种道德感就逐渐形成了。而演化博弈论恰恰可以通过解释某些道德规范的形成和稳定存在,为进一步通过发展心理学的研究解释道德感的形成奠定基础。

由此可见，虽然演化博弈论本身很可能无法充分解释道德感的形成，但是它仍有可能与其他学科的研究相结合，共同解释道德感的起源与演变。

4. 道德原则

对于演化博弈论的一种常见批评是，它无法解释我们用于评价各种行为的道德概念和道德原则。这常常和"自然主义谬误"的批评联系起来：基于演化博弈论模型的分析最多告诉我们"是什么"或者"为什么"，但是不能告诉我们"应该如何"。

另外，当越来越多的人开始基于道德原则进行道德推理，从而作出道德判断，进而采取某种道德行为时，演化博弈论对于道德行为的解释力便逐渐消退。因为在这一过程中，某种道德行为的普遍存在，既不是因为采取这种行为的个体在生物性的演化博弈中具有较高的生物适应度，从而通过繁殖的方式扩大了该行为在下一代中的比例；也不是因为采取这种行为的个体在文化性的演化博弈中获得了某种意义上更大的成功，从而成为被模仿和学习的对象。换言之，博弈的结果对于某种道德行为的传递变得越来越不重要。甚至严格来讲，当每个个体基于某种道德原则而做出道德行为时，这种行为已经不再从一个个体"传递"给另一个个体，而是在每一个个体中被"生成"了。

尽管如此，依然有演化博弈论学者尝试在道德理论和演化博弈之间建立某种联系。例如，一种观点认为，目前广泛接受的道德理论和道德原则为我们提供了一套启发式的方法。我们每个人在一生中，如果遵循这套方法，就能在社会生活的种种限制下产生最佳的预期结果。虽然我们很可能不是因为这样的原因而接受某种道德理论和原则，但这并不妨碍这些道德理论和原则在我们的生活中真实地发挥上述作用。这种观点在哲学上提出了一种很有趣的假设，但要对其进行检验却十分困难，因为它涉及每个人基于某种道德理论和原则在一生中所作出的所有道德判断和道德行为。

三、总结与展望

笔者在这里无法穷尽与道德有关的所有方面，但以上对于"道德"诸多方面的区分，对于我们回答"演化博弈论是否以及在什么意义上能够帮助我们理解道德"这一问题，依然是很有帮助的。

我们看到，对于道德的不同方面，演化博弈论的解释潜力存在差别。对于解释道德行为和道德规范的起源而言，演化博弈论已经发展出了较为成熟的建模策略，并且可以发挥较为直接的解释作用。当然，对于相关演化博弈论模型中所采取的基本假设，仍然需要进一步的经验研究来为其合理性提供辩护。对于解释道德感的形成而言，演化博弈论目前只能通过解释一些背景性条件的形成而发挥间接作用。至于道德理论和道德原则的形成，演化博弈论的解释力则受到怀疑。

尽管存在着种种局限，演化博弈论在帮助我们理解道德的起源与演化方面仍然可以发挥重要作用。与其将演化博弈论看作一种可以单枪匹马解决所有问题的万能理论，不如将其看作人类在理解复杂的道德现象时所使用的诸多研究工具中的一种。演化博弈论自身很可能无法充分解释道德的起源与演化，但是它完全有潜力与其他的理论和研究资源相结合，共同丰富我们对于道德的理解。

（本文作者张明君系复旦大学哲学学院讲师；本文首次发表于《中国科学报》2023 年 12 月 29 日第 4 版）

后　记

　　《中国科学报》文化版曾于2019年和2023年分别开设"两种文化大家谈"和"科玄新论"专栏，广泛邀请国内外学者专家，就"斯诺命题"与"科玄论战"的相关话题进行深入讨论。本书的主要内容来源于这两次专栏大讨论刊发的文稿。

一

　　1959年，英国物理学家、小说家C. P. 斯诺在剑桥大学作了一场题为《两种文化与科学革命》的著名演讲，提到彼时存在着两种截然不同的文化：科学文化与人文文化。

　　大约在2019年初，我在翻阅塞缪尔·亨廷顿和劳伦斯·哈里森主编的《文化的重要作用——价值观如何影响人类进步》一书时，脑海中忽然冒出来这样一个问题：自斯诺提出科学文化与人文文化存在着严重的割裂现象以来，历史已经走过了整整60年。今天，科技发展似乎独领风骚，学科交叉与跨界渐成趋势，科学文化与人文文化的关系是否有了新的变化？

　　于是，我与报社相关编辑记者讨论，提出可以邀请从事科学史、科学哲学、科学社会学研究的专家学者，以及实践经验丰富且长期关注科学文化建设的科技管理专家和高等教育工作者等不同领域人士充分发表看法与观点，在《中国科学报》文化版以专栏的形式组织一场"两种文化大家谈"的专题讨论。

不出所料，这次讨论极为热烈。从2019年4月至11月，"两种文化大家谈"专栏共刊发了20多篇文章，其内容涉及科学文化与人文文化的历史渊源、是否分裂、该不该弥合、如何弥合等多层次、多角度的问题。参与讨论者各抒己见，既有英雄所见略同者，也不乏意见相左之处。但如此，也恰恰契合了该专栏名中"大家谈"三字之寓意，此处所谓"大家"者，不仅有学者、专家之意，更是希望参与讨论者都能够直抒胸臆、畅所欲言。

二

关于科学与人文关系的大讨论，在60多年前的西方发生过，在100多年前的中国也发生过。1923年，中国知识界曾发生了一场对中国社会影响深远的"科学与人生观论战"，又称"科玄论战"。这场论战历时近两年，张君劢、丁文江、梁启超、胡适等科学界、文化界名人纷纷登场参与论战。

2022年12月中旬，我也和绝大多数北京市民一样，不幸被新冠病毒"击中"。在高烧终于渐渐退去，却又处于百无聊赖的恢复之中时，头脑中"百年未有之大变局"这句话一直萦绕不去，不禁想到百年前的中国曾经发生着什么？或许是由于职业习惯使然，也或许是由于个人兴趣使然，1923年爆发的、在中国思想史上具有重要影响的"科学与人生观论战"立刻就清晰地浮现于我的眼前!

为了致敬这场思想盛宴,2023年初,我们邀请科学史家刘钝先生对这场论争进行回顾与梳理。刘钝先生的万字长文《"科玄论战"百年祭》在《中国科学报》文化版发表后,在学界引发热烈反响,并被《新华文摘》等多家主流媒体转载。这让我深刻意识到,整整100年之后,科学与人文彼此关系的话题,仍然极具学术价值与现实意义,再次开设专栏进行更为深入的讨论十分必要。

这一想法得到了中国科学院哲学研究所所长郝刘祥先生等的积极响应。从2023年5月至12月,《中国科学报》与中国科学院哲学研究所联合开设"科玄新论"专栏,邀请科学家、哲学家、科学人文学者就科学与价值观、当代科学中的形而上学问题等话题进行了深入探讨。

百年前的大"论战"群英荟萃、百家争鸣,百年后的"新论"虽然"无战",但也是言无不尽、高潮迭起,话题不仅涉及科学与形而上学的关系、科学家群体的认知美德,还讨论了科学技术(特别是生物技术)的快速发展所带来的伦理挑战,等等。其中,中国科学院院士孙昌璞的文章《量子力学何以大道至简?》,从哲学层面探讨了量子力学该如何诠释的问题,并直率批评了当下科研领域存在的"逆奥卡姆剃刀"现象,他直言物理学的发展"要剥掉那些只有'名词创新'、式样花里胡哨的外衣,让科研实践回归直指发现真理的科学实践"。这篇文章《新华文摘》也转载了。颇有意味的是,人文领域的学者也关注到了这篇文章,语言学家沈家煊在一次关于语言学学科建设的访谈中推荐阅读此文,他说,"忽视简单原则是学术评价体系紊乱的一个原因"。

三

2023 年，为纪念"科玄论战"一百周年，有不少机构组织了学术研讨活动。《中国科学报》与中国科学院哲学研究所联手，较早策划并设置议题，深层次组织研讨相关内容，充分彰显了主流专业媒体的平台优势与舆论引导职责。

当下，纸媒式微、浅阅读盛行，我们为什么还要拿出如此大量的版面，花费大量的时间和精力，做这样的深度讨论呢？

近年来，中国科技事业在实现高水平自立自强的征途上大踏步前进，中国在世界科技舞台上展现出强劲的"硬实力"。作为新中国科技领域历史最悠久的专业媒体，《中国科学报》一直在跟踪报道中国科技发展的奋进历程，讲述中国科技创新的生动故事。

但是，媒体不应仅仅是记录者，更应该是瞭望者、参与者和建设者。近代科学为什么没有在中国诞生，由"李约瑟之问"衍生出来的类似问题，我们时常在思考；科学是"舶来品"、历史上是带着救亡图存的使命进入中国大地的，这样的事实，我们也始终铭记……

我们始终认为，要让移植的科学之树在中华大地永葆生机，必须构建好保障我国科技事业健康持续发展的"软环境"。这是《中国科学报》的历史使命。"两种文化大家谈"和"科玄新论"两个专栏，可以说是我们在这方面努力的结晶。

四

人类迈入 21 世纪以来，科学技术发展突飞猛进，众多研究者也不时预测新一轮科技革命即将来临。近年来，以生命科技领域的基因编辑技术和脑机接口技术，以及人工智能科技领域的 ChatGPT 模型和 Sora 模型等为代表，这些重大科技突破及其应用场景的快速扩大，已经引起普通民众的极大关注。

与此同时，科学技术发展的"双刃剑"问题也再次引发学者们的强烈关注。有研究者提出了"技术应用应该永远无止境吗？"的问题，甚至还有研究者发出了"科学探索应该永远无禁区吗？"的诘问……我认为，在科学前沿探索进展迅速，特别是技术应用狂飙突进的当下，各级决策者、广大科研工作者乃至社会公众，要全面地准确地认识和理解科学的功能，既要充分认识科学的工具理性的作用，更要充分关注科学的价值理性的作用。

因此，虽然"两种文化大家谈"和"科玄新论"两个专栏已经结束了，但思考仍然需要继续，我于是又有了将这两个专栏的文稿结集出版的想法。科学出版社总编辑彭斌先生得知后，认为这是科学媒体积极弘扬科学精神、推动科学健康发展的重要体现，给予了有力支持。科学出版社多位优秀编辑参与了本书的编辑出版工作，他们的出色工作保证了本书的顺利出版，他们的专业水准令人敬佩！

两个专栏得到了数十位作者的积极支持，他们在百忙之中撰写文章，观点百花齐放，思想相互激荡。在本书结集出版过程中，专家们又通力配合，再次抽出宝贵时间，根据出版要求仔细审改文稿，务求图书臻于完美。我向他们表示深深的敬意与感谢！这里还要特别感谢刘钝先生，他不仅多次撰稿对两个专栏给予支持，而且在英国剑桥访问期间的百忙之中，还拨冗为本书撰写了精彩的序言！

衷心感谢韩启德院士为本书题写书名，以示对我们组织开展专题讨论与出版该书的支持！

最后，还要衷心感谢我的同事们，感谢中国科学报社社长/总编辑赵彦和编委李占军给予的大力支持，特别要感谢负责专栏组稿，以及本书结集出版的《中国科学报》文化版李芸主编等的辛苦付出！

中国科学报社党委书记、研究员

刘峰松

2024 年 4 月